A física
dos anjos

A física dos anjos

Uma visão científica e filosófica dos seres celestiais

Matthew Fox e
Rupert Sheldrake

Tradução
Carolina Caires Coelho

goya

A física dos anjos

TÍTULO ORIGINAL:
The physics of angels

REVISÃO TÉCNICA:
Adilson Silva Ramachandra

PREPARAÇÃO DE TEXTO:
Débora Dutra Vieira

REVISÃO:
Tânia Rejane A. Gonçalves
Hebe Ester Lucas
Mônica Reis

CAPA:
Giulia Fagundes

MONTAGEM DE CAPA:
Pedro Fracchetta

IMAGEM DE CAPA:
L'Ascension (1879), de Gustav Doré

PROJETO GRÁFICO E DIAGRAMAÇÃO:
Natalia Bae

DIREÇÃO EXECUTIVA:
Betty Fromer

DIREÇÃO EDITORIAL:
Adriano Fromer Piazzi

DIREÇÃO DE CONTEÚDO:
Luciana Fracchetta

EDITORIAL:
Daniel Lameira
Andréa Bergamaschi
Débora Dutra Vieira
Luiza Araujo

COMUNICAÇÃO:
Nathália Bergocce
Júlia Forbes

COMERCIAL:
Giovani das Graças
Lidiana Pessoa
Roberta Saraiva
Gustavo Mendonça

FINANCEIRO:
Roberta Martins
Sandro Hannes

COPYRIGHT © MATTHEW FOX E
RUPERT SHELDRAKE, 1996, 2014
COPYRIGHT © EDITORA ALEPH, 2008
(EDIÇÃO EM LÍNGUA PORTUGUESA
PARA O BRASIL)

TODOS OS DIREITOS RESERVADOS.
PROIBIDA A REPRODUÇÃO,
NO TODO OU EM PARTE, ATRAVÉS DE QUAISQUER MEIOS
SEM A DEVIDA AUTORIZAÇÃO.

goya
É UM SELO DA EDITORA ALEPH LTDA.

Rua Tabapuã, 81, cj. 134
04533-010 – São Paulo – SP – Brasil
Tel.: (55 11) 3743-3202
www.editoraaleph.com.br

DADOS INTERNACIONAIS DE CATALOGAÇÃO NA PUBLICAÇÃO (CIP) DE ACORDO COM ISBD

F791f   Fox, Matthew

A física dos anjos: uma visão científica e filosófica dos seres celestiais / Matthew Fox, Rupert Sheldrake ; traduzido por Carolina Caires Coelho. - 2. ed. - São Paulo : Goya, 2021.
240 p. ; 16cm x 23cm.

Tradução de: The physics of angels: exploring the realm where science and spirit meet
Inclui apêndice.
ISBN: 978-65-86064-70-4

1. Física. 2. Cosmologia. 3. Teologia. 4. Consciência. I. Sheldrake, Rupert. II. Coelho, Carolina Caires. III. Título.

2021-1423   CDD 520
                            CDU 52

ELABORADO POR VAGNER RODOLFO DA SILVA - CRB-8/9410

ÍNDICE PARA CATÁLOGO SISTEMÁTICO:
1. Física: Cosmologia 520
2. Física: Cosmologia 52

Aos anjos,
na esperança de que eles retornem
para nos guiar no novo milênio.

Anjo

1. a) um espírito guardião ou mensageiro divino; de uma ordem de seres espirituais superiores ao homem em poder e inteligência, são os servos e mensageiros da divindade; b) um dos espíritos caídos que se rebelaram contra Deus; c) um guardião ou espírito amigo; d) *sentido figurado*, uma pessoa que lembra um anjo, na aparência ou no modo de agir.
2. Qualquer mensageiro de Deus, como um profeta ou pregador; um pastor ou ministro da Igreja; *sentido poético*, um mensageiro; *sentido figurado*, em *anjo da morte*.
3. Uma imagem comum com asas.

(*The Shorter Oxford English Dictionary*.
Oxford University Press, 1975)

Fóton

Um corpúsculo ou partícula elementar de luz.

(*The Shorter Oxford English Dictionary*.
Oxford University Press, 1975)

Um *quantum* de radiação eletromagnética que tem massa de repouso zero e energia igual ao produto da frequência da radiação e da constante de Planck. Em alguns casos, deve-se considerar o fóton uma partícula elementar.

(*The Penguin Dictionary of Physics*.
Harmondsworth: Penguin Books, 1975)

Sumário

- 11 • Prefácio
- 17 • Introdução: O retorno dos anjos e a nova cosmologia
- 39 • Dionísio, o Areopagita
- 89 • São Tomás de Aquino
- 153 • Hildegarda de Bingen
- 209 • Conclusão: Anjos no novo milênio
- 213 • Apêndice: Anjos na Bíblia
- 235 • Notas

Prefácio

Pode parecer improvável um cientista e um teólogo discutirem anjos no século XXI. Ambas as disciplinas, ao cabo da Era Moderna, parecem igualmente constrangidas com esse assunto.

Entretanto, apesar de os anjos terem sido ignorados pelos *establishments* científico e teológico, pesquisas recentes mostraram que muitas pessoas ainda acreditam na existência deles. Nos Estados Unidos, por exemplo, mais de dois terços da população acreditam em anjos, e um terço afirma ter sentido pessoalmente uma presença angelical em sua vida. Metade acredita na existência de demônios.[1] Os anjos persistem.

Estamos entrando em uma nova fase, tanto da ciência quanto da teologia, e o assunto dos anjos, mais uma vez, torna-se surpreendentemente relevante. Tanto a nova cosmologia quanto a antiga angelologia levantam questões significativas sobre a existência e o papel da consciência em níveis sobre-humanos. Quando tivemos nossas primeiras conversas sobre este tema, nós dois ficamos fascinados com os paralelos traçados entre Tomás de Aquino, discorrendo sobre anjos na Idade Média, e Albert Einstein falando de fótons neste século. Daí o título deste livro, *A física dos anjos*.

O renovado interesse nos anjos é bastante oportuno. Hoje, grande parte desse interesse deve-se a experiências de ajuda e assistência em momentos de necessidade. Sua natureza é intensamente pessoal e seu espírito, individualista.

Recentemente, ambos tivemos o privilégio de nos sentar com Lorna Byrne, uma camponesa e avó irlandesa, ainda analfabeta, que já publicou três livros sobre anjos com os quais tem mantido contato desde que era uma garotinha. Ela foi orientada a não falar de seus encontros até ser autorizada a isso, e a permissão veio após a morte de seu marido. Em pouco tempo, seus livros tornaram-se sucessos de venda no mundo todo, tendo sido publicados em vinte e seis línguas, pelo menos, no momento em que escrevemos este prefácio. Para nós ficou claro, ao conversar com Lorna, que ela é extremamente autêntica, verdadeira "grama da terra" da verdejante Irlanda, direta e prática, alegre, esforçada e generosa.

Mas ela afirma que os anjos têm algumas mensagens importantes para nós na atualidade; mensagens de seu desapontamento com os progressos insignificantes que fizemos como espécie e, surpreendentemente, mensagens sobre o papel que os Estados Unidos podem e precisam desempenhar no despertar espiritual do mundo – uma vez que inúmeras tradições religiosas ali se reuniram e o diálogo inter-religioso é mais desenvolvido nesse país. Em seu livro mais recente, *A message of hope from the angels*, Lorna enfatiza que "todos nós temos um papel a cumprir na evolução espiritual da humanidade".

Lorna prefere ser entrevistada em "eventos ecumênicos" em vez de dar palestras públicas. Um desses eventos ocorreu na igreja episcopal de S. Bartolomeu na cidade de Nova York, quando batistas negros, judeus, budistas, hindus, cristãos e muçulmanos se reuniram para sua entrevista pública. Ela nos contou que, nessa ocasião, também estavam presentes anjos que "lotaram a capela", e Lorna disse ainda que "havia grande alegria e celebração entre eles diante dessa maravilhosa congregação de religiões diferentes". Os anjos ficaram tão contentes quanto ela, pois as pessoas não tinham ido lá para converter as outras, mas se apresentaram de coração aberto a fim de "ouvir, orar e celebrar, e não para justificar a própria religião ou afirmar sua superioridade".

A descrição de anjos como "bolas de fogo" feita por Lorna encontra paralelo em algumas visões de Hildegarda de Bingen que apresentamos neste livro ao tratar de seus escritos sobre o tema. Além disso, Hildegarda nos diz que os anjos elogiam o trabalho humano, e Lorna também faz muitas referências ao reconhecimento dos anjos pelo trabalho que nós, humanos, fazemos – e que poderíamos fazer se despertássemos mais plenamente – para contribuir com o progresso de nossa evolução, levando-nos além da dinâmica "eu ganho/você perde" do cérebro reptiliano, rumo a uma prática autêntica de nossa profunda interdependência com os demais e com toda a criação.

Eu, Matthew, conheço bem os ensinamentos de Aquino quanto a anjos que "levam pensamentos de profeta em profeta", anjos que "anunciam o silêncio divino", anjos que "não podem deixar de amar", anjos que aprendem exclusivamente pela intuição, de modo que, se desenvolvermos e respeitarmos mais nossa intuição, poderemos muito bem topar com anjos ao longo do caminho. E quanto a eles nos ajudarem de muitas formas, inclusive no desenvolvimento do processo da evolução. Quando conheci Lorna, compartilhei com ela alguns desses ensinamentos de Aquino e ela os endossou vigorosamente com base em sua experiência, além de reafirmá-los em seus livros sobre anjos. Coisas grandiosas podem acontecer com a ajuda dos anjos.

E você? Sente os anjos entre nós? Encontra o "grão de luz" (Eckhart o chamava de "centelha da alma") que existe dentro de todos nós? Se sim, qual a mensagem que eles trazem? O que estamos precisando aprender? Esperamos que a nova edição deste livro continue a fundamentar a angelologia em uma conversa substantiva, a partir das perspectivas religiosa e científica, sobre o que os anjos estão tentando realizar conosco, humanos, nestes tempos difíceis e importantes.

O que se entende tradicionalmente por anjos no Ocidente

O entendimento tradicional sobre anjos no Ocidente é muito mais profundo e rico do que a moderna literatura individualista sobre anjos poderia sugerir, e bem mais preocupado com a comunidade, com nosso desenvolvimento comum e nosso relacionamento com as pessoas, com Deus e com o universo. Esses valores se enquadram em uma compreensão mais holística ou orgânica da natureza e da sociedade.

Além do mais, visto que vivemos em uma aldeia global cada vez mais restrita, é importante reconhecer as experiências comuns que surgem em todas as culturas e religiões do mundo. Todas elas, inclusive a nossa, reconhecem a existência de espíritos em níveis sobre-humanos. Nós os chamamos de anjos, mas essas entidades recebem nomes diferentes em outras tradições (os nativos americanos chamam-nos de "espíritos"). Esse é um dos temas mais fundamentais na experiência espiritual e religiosa humana. É difícil imaginar um ecumenismo profundo ou um progresso inter-religioso entre as culturas e religiões do mundo sem admitir os anjos em nosso meio e em nossas próprias tradições.

Outras experiências que todos os seres humanos enfrentam juntos incluem a crise ecológica, para a qual necessitamos de toda a sabedoria que pudermos reunir. Os anjos são capazes de nos ajudar nesse trabalho e podem muito bem se mostrar aliados indispensáveis, verdadeiros anjos *da guarda*, instruindo-nos a *salvaguardar* nossa herança de um planeta que já foi são, mas que hoje corre perigo.

Por todos esses motivos, é importante voltar à nossa própria tradição espiritual e analisar o que ela tem a nos dizer sobre os anjos, conectando essa sabedoria à atual cosmologia evolucionária. Isso é necessário a fim de preparar o terreno para explorações mais aprofundadas no futuro – um futuro que, acreditamos, será marcado por um esforço mais intenso no sentido de examinar a consciência neste planeta e além dele.

Para ajudar-nos nessa tarefa de explorar a nossa própria tradição espiritual, escolhemos nos concentrar em três gigantes da tradição ocidental, cujo tratamento dos anjos é particularmente amplo, profundo e influente. São eles Dionísio, o Areopagita, monge sírio cuja obra clássica *As hierarquias celestiais* foi escrita no século VI; Hildegarda de Bingen, abadessa alemã do século XII; e São Tomás de Aquino, filósofo e teólogo do século XII.

À luz de suas próprias teologia e experiência cristãs, Dionísio, o Areopagita, fez uma síntese maravilhosa das correntes filosóficas neoplatônicas do Oriente Médio. Hildegarda de Bingen, embora invocasse a tradição da angelologia transmitida pela tradição monástica da Igreja ocidental, trabalhou especialmente a partir de suas experiências visionárias com os reinos angelicais. Tomás de Aquino elaborou uma síntese do estudo dos anjos, incluindo as opiniões do filósofo muçulmano Averróis, os textos de Dionísio, o Areopagita, a ciência e a filosofia de Aristóteles e a tradição bíblica. Ele também levantou questões especulativas e profundas que até hoje são provocativas, sendo especialmente interessantes à luz da cosmologia que agora emerge da ciência atual. Mais do que quaisquer outros grandes pensadores do Ocidente, foram esses três que, provavelmente, dedicaram maior esforço intelectual à angelologia.

Começamos aqui com um diálogo introdutório no qual exploramos a história do conhecimento dos anjos no Ocidente e como eles foram centrais para a tradição da Igreja primitiva e da teologia medieval. Exploramos como a revolução mecanicista na ciência do século XVII não deixou espaço para os anjos em um cosmo mecânico, levando a uma diminuição do interesse nesse assunto na ciência e na teologia. Tratamos ainda do recém-renovado interesse pelos anjos (certamente o trabalho de Lorna Byrne faz parte desse movimento) e da importância dada atualmente a uma compreensão ecumênica e inter-religiosa ou transcultural dos reinos espirituais.

Prosseguindo, debruçamo-nos sobre nossos três autores principais. Selecionamos seus trechos mais pertinentes e importantes sobre anjos, sendo cada um deles seguido de uma discussão na qual tentamos entender seu significado hoje, tanto do ponto de vista teológico quanto científico.

Nessas discussões, preocupamo-nos menos com a teologia e com a ciência de ontem do que com as possíveis teologia e ciência de amanhã. Achamos esse método de diálogo bastante esclarecedor, permitindo-nos ir além de qualquer compreensão que poderíamos alcançar individualmente com nossas perspectivas limitadas. Esperamos que aquilo que foi um processo criativo para nós ajude outras pessoas em suas investigações e reflexões.

Concluímos examinando como a exploração dos anjos em um cosmo vivo poderia revigorar e enriquecer tanto a religião quanto a ciência à medida que avançamos em um novo milênio. Terminamos com uma série de questões.

Apresentamos, ainda, um apêndice com referências bíblicas aos anjos, para aqueles que desejam estudar, de maneira mais profunda e detalhada, os exemplos contidos nas Escrituras.

Introdução

O retorno dos anjos e a nova cosmologia

MATTHEW: Por que os anjos estão em voga? Nos últimos anos, eles têm sido abordados em muitas matérias de revistas e programas de TV; e existe uma avalanche de livros, incluindo diversos *best-sellers*, a respeito deles. É uma nova tendência? Os anjos são o mais novo objeto de consumo para almas carentes? Seria uma viagem a outro mundo, uma fuga para um reino celeste de luz? Ou uma distração que nos impede de nos voltarmos a problemas sociais e políticos?

Pode ser que o retorno dos anjos inspire nossa imaginação moral? Podem eles nos dar a coragem necessária para lidarmos com esses assuntos de maneira mais eficiente e imaginativa, conforme caminhamos neste terceiro milênio?

Recentemente, fiz uma pesquisa, perguntando às pessoas se elas já sentiram a presença dos anjos. Sessenta a 80% dos participantes em minhas palestras afirmaram que sim. Talvez esse universo não represente a população em geral, mas pesquisas com norte-americanos "comuns", que não se interessam muito pelos anjos, mostram que 1/3 dos entrevistados já sentiu a presença deles pelo menos uma vez na vida. Isso sugere que nem sempre é preciso acreditar nos anjos. Quando alguém vivencia alguma coisa, não precisa mais acreditar nisso; não é uma questão de crença, mas de experiência. E, hoje, talvez estejamos sendo chamados a confiar em nossa experiência com essas criaturas.

Na cosmologia mecânica dos últimos séculos, não houve espaço para os anjos. Não houve espaço para os assuntos místicos. À medida que deixarmos essa época para trás, certamente os místicos voltarão, tal como os anjos estão voltando, porque uma cosmologia viva está retornando. São Tomás de Aquino, o teólogo do século XIII, disse: "O universo não seria completo sem os anjos [...] O mundo corpóreo todo é governado por Deus por meio dos anjos".[1] O ensinamento antigo e tradicional sustenta que, quando vivemos no universo, e não apenas em uma máquina criada pelo homem, sobra espaço para os anjos.

Mas o que é um anjo? O que eles fazem?

Em primeiro lugar, os anjos são poderosos. Não se engane com os querubins nus com os quais o período barroco povoou nossa imaginação. Quando um anjo aparece nas Escrituras, invariavelmente as primeiras palavras são "Não temas". Agora, seriam estas as primeiras palavras usadas se eles se apresentassem como meros querubins despidos? É mais provável que dissessem: "Prenda minha fralda". Os anjos, contudo, são imponentes. O poeta Rilke disse que todo anjo é assustador. Qual é o poder deles?

Os anjos são, essencialmente, seres compreensivos. Pensam muito. São especialistas em compreender – em suportar. Os pensamentos primordiais que sustentam todos os nossos outros pensamentos os anjos conhecem pela intuição, de acordo com Aquino e outros professores que ensinam sobre eles. Os anjos não precisam ir à escola para aprender sobre a essência das coisas. Eles não precisam de razão discursiva nem de experimentação para aprender. Aprendem tudo intuitiva e imediatamente.

São especialistas em intuição, e podem ajudar nossa intuição. Esse é um dos motivos pelos quais anjos e artistas são tão amigos. Quando olhamos para as maravilhosas imagens de anjos criadas pelos artistas, estamos lidando não apenas com quadros, mas com um relacionamento entre esses dois seres. A intuição é a estrada pela qual os anjos vagam.

Os anjos também são grandes amigos dos profetas, e precisamos de profetas hoje. Precisamos deles em todas as profissões, no desempenhar de nosso papel como cidadãos, em toda geração. Precisamos de jovens e de velhos profetas. "O que eles fazem?", pergunta o rabino Heschel. "Eles interferem." Se vamos mudar o rumo da humanidade, precisamos de profetas, e, de acordo com São Tomás de Aquino, os anjos estão muito envolvidos nas profecias.

Além disso, os anjos têm vontades firmes, e Aquino diz: "A vontade deles é naturalmente carinhosa". Os anjos não são intelectuais abstratos; são seres compreensivos e carinhosos. O amor invade a compreensão deles. Seu conhecimento é um conhecimento de coração. É sabedoria, não apenas conhecimento.

E assim vemos que, nos domínios da compreensão, da sabedoria, do amor, da compaixão e da profecia, os anjos muito têm a nos ensinar sobre espiritualidade. E a tarefa deles não é simples. Eles têm funções cósmicas importantes a realizar, relacionadas à sabedoria e ao conhecimento que carregam. Uma dessas tarefas é louvar. Sempre que existe glorificação, os anjos aparecem. De fato, acredito que a ausência deles é o que chamaria de crise de louvor da civilização ocidental. Ao aprendermos a glorificar novamente, os anjos retornarão.

Hildegarda de Bingen e Tomás de Aquino nos ensinam que o demônio não glorifica, e é isso que o torna diferente dos anjos – a recusa em louvar. Quanto de nossa cultura nos últimos séculos, de fato, tem sido uma recusa em glorificar? O que é a glória, senão o barulho da alegria, o som da reverência? E, se somos privados de glória, é porque temos sido privados de reverência e alegria no mundo mecânico, um mundo parecido com uma jaula na qual estamos vivendo. A nova cosmologia nos desperta novamente para a reverência e para o assombro, suscitando, assim, a glória.

Estudar os anjos é irradiar a luz sobre nós mesmos, principalmente naqueles aspectos que têm sido desprezados em nossa civilização secularizada, em nossos sistemas educacionais secularizados e, mesmo, em nosso sistema de adoração secularizado. Por secularização, refiro-me a qualquer processo que extraia a reverência das coisas.

Os anjos são agentes e cotrabalhadores conosco, seres humanos. Às vezes, eles nos guardam e defendem; às vezes, nos inspiram e anunciam as boas-novas – fazem com que nos mexamos. Às vezes, eles nos curam e, às vezes, nos guiam por reinos diferentes, dos quais recobramos os mistérios para este reino em particular. Aquino diz: "Fazemos os trabalhos que são de Deus, juntamente com os anjos sagrados".[2] Mais que isso, porém, Aquino nos avisa de que os anjos sempre anunciam o silêncio divino, o silêncio que precede nossa inspiração, nossas palavras, o silêncio trazido pela meditação e pela contemplação.

Os anjos tornam os seres humanos felizes. É raro encontrar infeliz alguém que já tenha visto um deles. Encontrar um anjo é voltar a ficar alegre. Como Aquino diz, a felicidade consiste em apreendermos algo melhor que nós mesmos. A reverência, o prodígio e o tipo de poder que os anjos representam são assim. Eles nos chamam para sermos seres maiores.

Por fim, o pecado dos anjos das trevas tinha a ver com a arrogância e o mau uso do conhecimento e do poder. Isso não parece familiar ao analisarmos os dois últimos séculos da civilização ocidental? Algum conhecimento excepcional foi passado adiante durante esse período, assim como um incrível e salutar poder de decisão. Mas também houve um lado negro. A arrogância causou grande parte de nosso atual desespero ecológico. O mito de Fausto é um retrato do mau uso do conhecimento, do poder e da arrogância em nosso esforço de conhecer o universo. Os anjos das trevas não representariam, então, o lado sombrio da civilização ocidental? Um lado que tem adotado a arrogância e o mau uso do conhecimento como um modo de vida normal?

RUPERT: Eu gostaria de falar sobre o que você disse a respeito da proximidade dos anjos com a cosmologia. A associação dos anjos com os Céus é o que me ocorreu em primeiro lugar. Eu cresci em Newark-on-Trent, uma cidade-mercado em Nottinghamshire, Inglaterra, onde existe uma enorme igreja medieval. No teto da igreja, assim como em muitas igrejas medievais, as colunas são sustentadas por anjos entalhados. E, na grande catedral gótica de Lincoln, apenas 24 quilômetros distante de Newark, há um compartimento chamado coral dos anjos, onde há anjos tocando instrumentos musicais – o coral celestial. Para vê-los, é preciso olhar para cima. Então, desde a infância, essa é a imagem que faço dos anjos. Eles estão associados com as estrelas. E é sobre isso que gostaria de falar em primeiro lugar, sobre o aspecto cosmológico dos anjos e a associação deles com o Céu.

Na Idade Média, assim como em todas as épocas anteriores, de forma geral o homem acreditava que o Céu tinha vida, que o cosmo todo tinha vida. O Céu era habitado por inúmeros seres conscientes, associados com as estrelas, com os planetas e, talvez, com os espaços entre eles. Quando as pessoas pensavam em Deus no Céu, não pensavam como uma vaga metáfora ou um estado psicológico; pensavam no céu.

"Nosso Pai, que habita o Céu." Hoje, creio, muitos cristãos entendem se tratar de uma frase metafórica, nada a ver com o céu de fato. O Céu foi entregue à ciência; o reino celestial é domínio da astronomia. E a astronomia nada tem a ver com Deus, com os espíritos ou com os anjos; ela está envolvida com as galáxias, com a geometria do campo gravitacional, com a área de alcance da emissão de átomos de hidrogênio, com o ciclo de vida das estrelas, dos quasares, dos buracos negros, e assim por diante.

Mas não era assim que as pessoas costumavam pensar. Elas acreditavam que o Céu estava cheio de espíritos e de Deus. E, de fato, se pensarmos em Deus como onipresente, a divindade deve estar em todo o universo, do qual a Terra é uma ínfima parte.

Por meio da revolução científica do século XVII, o universo foi mecanizado e, ao mesmo tempo, o Céu secularizado, sendo ambos formados por matéria ordinária planando ao redor, em perfeita harmonia com as leis de Newton. Não havia espaço para as inteligências angélicas. Os anjos não têm espaço em um mundo mecanicista, exceto, talvez, como fenômenos psicológicos, existentes apenas em nossa imaginação.

Mas esse ponto de vista mecanicista da ciência está sendo agora substituído. Descobertas científicas recentes estão nos levando em direção a uma nova visão do mundo vivo. Esse é o principal assunto do meu livro *O renascimento da natureza*.

O velho universo mecânico era uma imensa máquina que foi perdendo potência aos poucos, morrendo em virtude do calor termodinâmico. Mas, desde os anos 1960, tem sido substituído por um cosmo evolucionário. O universo começou muito quente e pequeno na bola de fogo, menor que uma cabeça de alfinete, e tem se expandido desde então. À medida que cresce, esfria. Mais estruturas, formas e padrões se desenvolvem em seu interior. No início, não havia átomos, estrelas, galáxias, elementos como ferro e carbono, planetas e vida biológica. Conforme o universo se expandiu, pela primeira vez essas coisas passaram a ocupar um lugar nele, e foram repetidas inúmeras vezes em muitos locais e épocas. Esse universo em crescimento e desenvolvimento não é como uma máquina. É mais um organismo em desenvolvimento.

Em vez de a natureza ser formada por átomos inertes, apenas partículas de matéria inertes durando para sempre, temos agora a impressão de que os átomos são estruturas complexas de atividade. A matéria, agora, parece mais um processo do que como uma coisa. Como o filósofo da ciência, Sir Karl Popper, já disse, "Por meio da física moderna, o materialismo se transcendeu". A matéria deixou de ser o princípio explicativo fundamental, mas ela mesma é explicada em termos de princípios mais fundamentais, a saber, campos e energia.

Em vez de vivermos em um planeta inanimado, uma bola de pedra enevoada girando ao redor do Sol conforme as leis do movimento de Newton, podemos pensar que vivemos na Mãe Terra. A hipótese de Gaia coloca em forma científica contemporânea a crença antiga de que vivemos em um mundo vivo.

Em vez de o universo ser rigidamente determinado, com tudo caminhando inexoravelmente de acordo com a causalidade mecânica, temos um mundo ao qual a liberdade, a receptividade e a espontaneidade retornaram. O indeterminismo chegou por meio da teoria quântica nos anos 1920. Mais recentemente, a teoria do caos confirmou que o antigo ideal do determinismo de Newton era uma ilusão. A ciência vem se libertando da ideia de que vivemos em um universo previsível e rigidamente determinado.

Em vez de interpretar a natureza como não criativa, nós agora a vemos como criativa. Charles Darwin e Alfred Russel Wallace conceberam uma formulação científica à ideia de que plantas e animais são criados pela Mãe Natureza, mas, por muito tempo, os físicos negaram que a evolução tivesse qualquer contribuição a dar ao cosmo como um todo. Eles continuaram acreditando que o universo era uma máquina não criativa até os anos 1960. Mas agora verificamos que a evolução criativa não está limitada ao mundo da vida biológica; o desenvolvimento evolucionário do cosmo todo é um vasto processo criativo.

Ao contrário da ideia de que a natureza em sua totalidade seria logo compreendida em termos de física e matemática, a verdade é que entre 90% e 99% da matéria no cosmo é "matéria negra", completamente desconhecida para nós. É como se a física tivesse descoberto o inconsciente cósmico. Não sabemos o que é essa matéria negra, nem o que ela faz, nem como influencia a maneira como as coisas acontecem.

Além disso, a cosmologia evolucionária põe em dúvida a velha ideia de "leis eternas da natureza". Se a natureza se desenvolve, por que as leis da natureza não se desenvolveriam? Como poderíamos saber se as "leis" que nos governam – a cristalização do açúcar, o clima, entre outras – existiam no momento do Big Bang? Em um universo evolucionário, faz mais sentido pensar nas leis da natureza se desenvolvendo também. Acredito que faz ainda mais sentido ver as regularidades da natureza como hábitos. E os hábitos da natureza se desenvolvem. Em vez de o universo todo ser governado por uma mente matemática, pode depender de uma memória inerente. Essa é a base de minha hipótese de ressonância mórfica: memória na natureza.[3]

Por fim, em vez de tudo ser explicado em termos de fragmentos e partículas, podemos pensar o universo holisticamente, ordenado em uma série de níveis de organização, em uma hierarquia agrupada ou holarquia. Em cada nível, as coisas são integrais e parciais. Os átomos são unidades constituídas por partes subatômicas, sendo estas completadas a um nível mais baixo. As moléculas são unidades constituídas de partes atômicas; os cristais são unidades constituídas de partes moleculares, tais como células dentro de tecidos, tecidos dentro de órgãos, órgãos dentro de organismos, organismos dentro de sociedades, sociedades dentro de ecossistemas, ecossistemas dentro de Gaia, Gaia no sistema solar, o sistema solar na galáxia, e assim por diante. Em todas as partes, níveis dentro de níveis de organização, cada sistema sendo, ao mesmo tempo, um todo formado por partes e uma parte dentro de um todo maior.

Em cada nível, o todo é mais que a soma das partes. Sugiro que essa totalidade depende do que chamo campo mórfico, um campo organizado que é a base da estrutura do sistema. Os campos mórficos são estruturados por ressonância mórfica. Eles contêm memória. Na verdade, eles são os portadores da memória inerente na natureza.

Em cada nível de organização, os campos mórficos animam os organismos, conferindo-lhes seus hábitos e sua capacidade organizativa. Nesse sentido, moléculas, estrelas e galáxias são vivas, não apenas micróbios, plantas e animais. E, se são vivas, são conscientes? Há mente ou inteligência a elas associadas?

Pensemos em níveis de organização como Gaia, ou o sistema solar, ou a galáxia. Se os campos que os organizam estão associados com o espírito, com a inteligência ou com uma consciência, então estamos falando sobre consciência sobre-humana. Se uma galáxia tem consciência, espírito ou mente, essa mente será inconcebivelmente maior em escopo do que a de qualquer mestre da Harvard ou intelectual em Paris.

MATTHEW: Sim. Durante a era industrial newtoniana-cartesiana, os anjos foram banidos. Não havia espaço para anjos em uma máquina. Não havia sequer espaço para almas em uma máquina. E os anjos não foram apenas banidos, mas trivializados. Pense nas igrejas barrocas construídas no século XVII, o mesmo século da separação entre ciência e religião. A religião tomou para si a alma, que se tornou cada vez mais introvertida e fraca, e os cientistas levaram o universo. Na arquitetura barroca, os anjos se tornaram bebezinhos graciosos e rechonchudos, que temos vontade de beliscar. Precisamos hoje de uma libertação dos anjos.

Para os teólogos, durante trezentos anos foi embaraçoso mencionar os anjos. Mas eles são mencionados ao longo da Bíblia. Na verdade, existem legiões de anjos. Sempre que falamos sobre cosmologia, eles aparecem.

No século I, quando as Escrituras cristãs foram redigidas, a principal pergunta que circulava na bacia mediterrânica era: os anjos são nossos amigos ou nossos inimigos? Todos acreditavam em anjos na Grécia e em Roma; eles faziam parte da cosmologia corrente. Mas a pergunta era: podemos confiar nessas forças invisíveis do universo, que movem os planetas e os elementos? Até que ponto o universo é digno de confiança?

Isso é muito interessante porque, no século XX, perguntaram a Einstein: "Qual a pergunta mais importante na vida?" E ele respondeu: "O universo é um lugar amistoso ou não?" É a mesma pergunta. Eu digo a meus alunos que sempre que depararmos com os anjos ao lermos a Bíblia devemos pensar em Einstein, porque estamos lidando com a mesma questão. É a maior questão cosmológica. Podemos confiar no cosmo? O cosmo é afável?

Nos inúmeros cânticos ao Cristo Cósmico na Bíblia, existem alusões aos anjos (vejamos, por exemplo, Romanos 8,38-39; Efésios 1,20-21; Colossenses 1,15-16; Hebreus 1,3-4). Os primeiros cristãos responderam à pergunta sobre a índole do cosmo no século I: Cristo tem poder sobre os anjos e arcanjos, as potestades e os principados. O que eles dizem? Dizem que, independentemente do que essas forças invisíveis estejam fazendo com os elementos do universo, o sorriso de Deus, como representado pelo Cristo, é a garantia de que você pode relaxar, ficar calmo. O universo é um lugar amistoso. Existe um poder benigno sobre os anjos: o Cristo. A tradição do Cristo Cósmico se estabelece no contexto da angelologia porque está fundada em termos de cosmologia.

RUPERT: Apesar de o Céu ter sido secularizado e mecanizado, essas questões não desapareceram. Um vazio espiritual surgiu quando a imaginação religiosa retirou-se do Céu; e como a imaginação científica é extremamente pobre, a ficção científica apareceu para preencher essa lacuna. O Céu tem sido, então, habitado pelas fantasias dos escritores de ficção científica. Alguns deles são talentosos e usam o Céu como cenário para histórias de interesse e valor. Mas a maioria é banal; não cumpre um bom papel em nos dar uma ideia da maravilha do universo. Naves espaciais viajando no tempo, o império do mal, as guerras estelares, os policiais espaciais e os alienígenas – essas não são boas representações das inteligências cósmicas. Mas a ficção científica é a principal influência sobre a maneira como a maioria das crianças imagina o Céu. O vazio cosmológico causado pela expulsão e banalização dos anjos simplesmente tem sido preenchido por escritores de ficção científica e entusiastas da ufologia.

Que perda terrível! As convenções da ficção científica foram estabelecidas no contexto do universo mecânico, antes da revolução cosmológica nos anos 1960, e têm pouco a ver com o que foi descoberto desde então. Temos agora uma visão amplamente expandida dos Céus, com inúmeras galáxias, quasares, pulsares, buracos negros e 15 bilhões de anos de história cósmica. Acredito que uma das coisas que precisamos fazer é recuperar um sentido de vida do Céu, para que, quando olharmos para as estrelas, quando realmente olharmos para o céu, conscientizemo-nos dessa divina presença e das inteligências e da vida nele contidas.

MATTHEW: Sim, hoje estamos recuperando a ideia da terra viva, Gaia, e, para muitas tradições nativas, da Mãe Terra; mas é igualmente importante recuperar esse senso de vida do céu e unir os dois. Jose Hobday, uma mulher de origem seneca que trabalha conosco, diz que, quando os povos nativos dançam, os joelhos são flexionados para entrar na terra, mas os ombros giram para alcançar a energia do pai céu, e são as duas energias juntas que permitem o total complemento de energia.

Nós não apenas secularizamos o céu, mas lançamos nossos mísseis e lá deixamos nossos escombros. Estamos lá agora. Mas o universo é bem mais vasto, mais surpreendente e expansível do que jamais imaginamos. E não estamos falando apenas sobre espaço; estamos falando sobre tempo. Estamos captando luz de bilhões de anos atrás. Quando nos referimos ao céu e à terra, estamos falando sobre a ressacralização do tempo e do espaço.

RUPERT: No passado, as pessoas acreditavam que o que acontecia na Terra estava relacionado ao que acontecia no Céu. Essa tradição é vivamente preservada pela astrologia moderna. Mas, infelizmente, a astrologia do século XVII se separou da astronomia. A astrologia deu sentido aos movimentos do Céu e à sua relação com a Terra. Os planetas ainda têm nomes de deuses e deusas, como Mercúrio, Vênus e Júpiter, que, no mundo cristão, eram vistos como anjos. Esses deuses, espíritos ou anjos planetários, com suas disposições e relações diferentes, afetavam a vida na Terra.

Na Índia, ainda acreditam que essa relação entre Céu e Terra é de grande importância. Quando as pessoas arranjam casamentos – e muitos casamentos ainda são arranjados –, um astrólogo consulta os mapas da noiva e do noivo para ter certeza de que há compatibilidade. Se assim for, o astrólogo escolhe o horário em que eles devem se casar. Quando comecei a viver na Índia, ficava surpreso ao receber convites de casamento de amigos e colegas indianos anunciando, por exemplo, que a cerimônia de Radha e Krishnan aconteceria às 3h34, ou em algum outro horário incomum. E, apesar de os indianos se atrasarem para quase tudo, eles chegavam pontualmente para um evento tão importante. O "sim" aconteceria no exato momento em que a união das duas pessoas estivesse em harmonia com o Céu.

A astrologia eletiva, ou seja, aquela que indica data e horário certos para eventos importantes, ainda era praticada na Inglaterra até o século XVIII. E também na Casa Branca pelo presidente Reagan e senhora!

A relação entre Céu e Terra era muito importante na cosmologia antiga. Mas, em virtude da separação entre astrologia e astronomia, os astrônomos passaram a não ver sentido no que está acontecendo nas estrelas; não veem vida, inteligência ou consciência no Céu. Os astrólogos, por sua vez, veem sentido, padrão e uma relação entre o que acontece no Céu e o que acontece na Terra; mas, infelizmente, nunca olham para o céu. Conheço poucos astrólogos capazes de identificar as estrelas e os planetas. A astrologia é feita com base em livros, ou, atualmente, em programas de computação. Espero que alguém comece a dar cursos sobre astronomia para astrólogos. Acredito que é importante juntar essas duas tradições novamente.

Em muitas culturas tradicionais, os mitos falam sobre como as pessoas são inspiradas pelas estrelas ou como, efetivamente, se originam de algumas delas. Por exemplo, os dogons, na África Ocidental, têm uma forte relação com Sirius, a estrela mais brilhante. E, para mim, é completamente possível que, olhando para as estrelas e se conectando com a inteligência que nelas existe, formando uma conexão direta com esses astros e os espíritos, um pouco de sua influência e inspiração possa ser transmitido para quem está conscientemente se abrindo para elas. Certamente, as pessoas já acreditavam nisso há tempos.

As implicações dessa tradição são surpreendentes. Quando olhamos para as estrelas, podemos considerar não apenas a possibilidade de que algumas tenham à sua volta planetas habitados por seres vivos, algo que eu considero muito provável, mas podemos pensar também que as próprias estrelas podem ter um tipo de vida, de inteligência ou de espírito.

As estrelas estão organizadas em unidades maiores, as galáxias, sendo que cada uma destas tem bilhões de estrelas e núcleos galácticos em seu centro com propriedades desconhecidas. Existem bilhões de galáxias nos céus, e pode ser que exista uma inteligência governante para cada uma delas. E as galáxias geralmente se apresentam em grupos que, por sua vez, podem ter um espírito organizador.

Assim, podem existir hierarquias de inteligências organizadoras. Os agrupamentos galácticos incluem galáxias; as galáxias incluem sistemas solares; e os sistemas solares incluem os planetas. E, em cada nível, há uma totalidade que é incluída dentro de um nível mais amplo de totalidade. Então temos muitos níveis de organização, que podem ser associados com algum tipo de inteligência ou mente.

No SETI – busca por inteligência extraterrestre [*search for extraterrestrial intelligence*], programa que alguns cientistas adoram debater, as discussões geralmente se concentram na possibilidade de seres inteligentes de outros planetas transmitirem sinais matematicamente significativos por rádio, como a sequência de números primos, e de que, a partir desses sinais, poderemos inferir a existência de seres inteligentes tentando se comunicar conosco.[4] Mas é possível que a comunicação com outras formas de inteligência seja muito mais direta. Pode não depender de transmissões por rádio. Pode não precisar de naves espaciais. Pode não depender de OVNIs. O contato mental direto com essas inteligências celestiais pode ser possível por meio de um tipo de telepatia.

MATTHEW: Para mim, não restam dúvidas de que civilizações anteriores conheciam muito mais sobre comunicação a longa distância sem tecnologia do que a nossa. Isso também está na doutrina de alguns santos ocidentais, que eram médiuns.

RUPERT: E a tecnologia pode ser muito limitada na comunicação com inteligências em outras partes do universo. O programa SETI, criado pelo governo norte-americano, mostra claramente essa limitação. Acredita-se que os habitantes de um planeta distante transmitiriam sinais de rádio de tipo matematicamente significativo na esperança de encontrar espécies inteligentes em algum outro lugar do espaço. Isto é o que o astrônomo Timothy Ferris chamou de cenário solitário: "Espécies tecnicamente proficientes e solitárias procuram a mesma coisa. Objetivo: comunicação".[5]

Mesmo que recebêssemos e reconhecêssemos tais mensagens de um planeta próximo, a comunicação seria muito lenta. A estrela mais próxima está cerca de 4,2 anos-luz de distância. Então, mesmo que respondêssemos imediatamente, demoraria 8,4 anos entre o envio da mensagem e o recebimento da resposta. Nossa galáxia está a 100 mil anos-luz de distância, então demorariam 100 mil anos para que as mensagens de rádio fossem transmitidas de um lado da galáxia a outro, e 200 mil anos até que uma resposta fosse recebida. Que civilização teria um tempo de vida e um sistema de registro adequados para se comunicar em períodos como esses? E quanto à comunicação com habitantes de planetas em outras galáxias, impossível! A galáxia mais próxima da nossa, Andrômeda, está a 1,8 milhão de anos-luz, o que significa que as respostas demorariam 3,6 milhões de anos para chegar. Para galáxias distantes mais de 1 bilhão de anos-luz, as respostas demorariam 2 bilhões de anos.

Porém, se a transmissão de pensamentos pode acontecer mais rapidamente que a velocidade da luz, então a pergunta a respeito da comunicação interestelar e intergaláctica torna-se bem diferente, bem como quando alargamos nosso pensamento sobre inteligências em outros lugares do cosmos. Em vez de voltarmos nossa atenção para a mente de organismos biológicos, como nós mesmos, vivendo em civilizações tecnológicas, podemos explorar a possibilidade de os planetas, as estrelas, as galáxias e os agrupamentos de galáxias terem também uma espécie de consciência. É aqui que o entendimento tradicional e a experiência das inteligências cósmicas podem nos ajudar, principalmente a angelologia de Dionísio, o Areopagita, Hildegarda de Bingen e Tomás de Aquino.

Pensemos, por exemplo, na possibilidade de o Sol ser consciente. Essa ideia não é muito fora da realidade, principalmente se levarmos em conta as suposições materialistas estandardizadas da ciência ortodoxa. Os materialistas acreditam que nossa atividade mental está associada a padrões eletromagnéticos complexos. Esses padrões de atividade eletromagnética são geralmente tomados como interface entre a consciência e a atividade física em nossos cérebros. Espera-se que, de alguma forma, a consciência surja desses padrões. Mas os padrões eletromagnéticos complexos em nossos cérebros são nada em comparação à complexidade de padrões eletromagnéticos no Sol.

O Sol é uma bola de fogo de plasma acionada por reações de fusão nuclear. Um plasma é um gás ionizado, e é altamente sensível a influências elétricas e magnéticas. O Sol é o palco de padrões extremamente complexos e rítmicos de atividade eletromagnética, com um ciclo subjacente de 22 anos de duração, aproximadamente. A cada onze anos, a polaridade magnética do Sol se inverte: seu polo magnético norte muda para o sul, ou vice-versa; depois de mais onze anos, os polos retornam a suas posições originais. Essas trocas correspondem a ciclos de atividade solar, com grande irradiação na superfície do Sol. Essa inversão de polaridade está relacionada aos ciclos harmônicos complexos de vibração, rodopiando padrões ressonantes de atividade eletromagnética.

Se as pessoas estão preparadas para admitir que nossa consciência está associada a esses padrões eletromagnéticos complexos, por que o Sol não poderia ter consciência? O Sol pode pensar. Sua atividade mental pode estar associada a eventos eletromagnéticos complexos e mensuráveis tanto em sua superfície quanto mais profundamente em seu interior. Se existe uma relação entre nossa consciência e os padrões eletromagnéticos complexos e dinâmicos em nosso cérebro, não vejo motivo para negar a possibilidade dessa ligação em outros casos, especialmente o Sol.

E, se o Sol é consciente, por que as outras estrelas também não seriam? Todas as estrelas podem ter atividade mental, vida e inteligência associadas a elas. E era nisso exatamente que as pessoas acreditavam no passado – que as estrelas são as moradas das inteligências, e essas inteligências são anjos.

MATTHEW: Fico surpreso ao ouvi-lo dizer isso. Você está se arriscando. Nunca o ouvi falar sobre o Sol e as estrelas dessa maneira. Mas ideias como essa teriam muitas implicações em termos de devoção. Por exemplo, precisamos estabelecer nossos ciclos de oração no contexto desse universo vasto, vivo, complexo e maravilhoso. Hoje, temos a eletrônica para fazer isso. Para tirar a adoração das mãos de pequenos livros e colocá-la novamente na cosmologia. Então os anjos estarão presentes na devoção mais uma vez.

O anjo que tem algo a ver com a incrível inteligência do Sol tem de estar lá. Em nossa adoração, devemos estar verdadeiramente alertas para o senso de admiração – e admiração inclui terror. O universo é nosso lar, e tudo sobre o que estamos falando é nosso lar. Esse é o templo de Deus; é o lar de Deus.

Os anjos geralmente são vistos como seres de luz refletindo a luminosidade do ser divino. Sei que você ficou surpreso ao ler a afirmação de Tomás de Aquino de que os anjos se movem de um lugar a outro sem lapso de tempo. Você disse que isso o fazia lembrar o pensamento de Einstein sobre a luz. E quanto à ideia de ver os anjos como fótons, portadores de luz?

RUPERT: Quando Aquino discute a respeito de como os anjos mudam de lugar para lugar, esse pensamento tem um extraordinário paralelo com as teorias quântica e da relatividade. Os anjos são quantizados; ou você encontra um anjo íntegro ou não encontra nenhum; eles se movem como unidades de ação. Você só pode detectar a presença deles por meio da ação; são *quantum* de ação. E, apesar de acreditarmos que o tempo continua enquanto eles se movem de um lugar para outro, do ponto de vista dos anjos esse movimento é instantâneo, o tempo não passa. É justamente como a descrição de Einstein a respeito do movimento de um fóton de luz.

Apesar de nós, como observadores externos, podermos medir a velocidade da luz, do ponto de vista da luz em si, o tempo não passa enquanto ela se move. Não fica mais velha. Temos luz há 15 bilhões de anos, aproximadamente, desde o Big Bang, na forma de radiação cósmica de fundo em micro-ondas. Depois de todo esse tempo, ela ainda existe, e ainda é forte.

Assim, a física moderna guarda paralelos notáveis com as doutrinas tradicionais sobre anjos, e eu acredito que a correspondência exista porque os mesmos problemas estão sendo considerados. Como algo sem massa, sem corpo, sem capacidade de ação se move? Os anjos, de acordo com Aquino, não têm massa, não têm corpo. E o mesmo acontece com os fótons: eles não têm massa, e você só pode detectá-los por meio de suas ações.

MATTHEW: Isso quer dizer que os fótons são imortais?

RUPERT: Sim, enquanto eles estiverem se movendo à velocidade da luz, de um lugar para outro. Mas, quando agem, são extintos por meio de sua ação, por isso, nesse sentido, eles chegam a um fim; passam sua energia enquanto agem. Isso, acredito eu, os torna diferentes dos anjos.

Apesar de existirem paralelos entre a física moderna e as ideias medievais sobre os anjos, o aspecto da ciência moderna que mais suscita perguntas interessantes é a teoria da evolução. Na Idade Média, a natureza era tida como estática: o cosmo, a Terra e as formas de vida existentes sobre ela não eram vistos como corpos em desenvolvimento.

Na biologia, a ideia de evolução foi inicialmente proposta, em termos científicos, em 1858, por Darwin e Wallace. Na física, a ideia da evolução cósmica tornou-se ortodoxa no final dos anos 1960, como consequência da teoria do Big Bang sobre a origem do universo. Agora, vemos tudo como evolucionário na natureza. Isso significa que existe uma criatividade contínua em todos os seus domínios. Seria tudo isso uma questão fortuita, como os materialistas acreditam?

Ou será que existem inteligências orientadoras trabalhando no processo evolucionário?

Até onde sei, uma das primeiras pessoas a explorar essa possibilidade foi Alfred Russel Wallace. Depois que ele e Darwin publicaram a teoria da evolução pela seleção natural, Darwin desenvolveu um materialismo sombrio, que agora atravessa o pensamento neodarwinista, a doutrina ortodoxa da biologia acadêmica. Toda a evolução deve ter acontecido por acaso e por meio de leis da natureza inconscientes, sem qualquer sentido ou objetivo.

Em contrapartida, Wallace chegou à conclusão de que a evolução abrangia mais do que a seleção natural, e que era guiada por inteligências criativas que ele identificava como anjos. Sua ideia foi resumida no título de seu último livro, *The world of life: a manifestation of creative power, directive mind and ultimate purpose* [*O mundo da vida: uma manifestação do poder criativo, da mente diretiva e do propósito final*][6]. Hoje, ouvimos muito a respeito de Darwin, mas pouco sobre Wallace. Fico fascinado em saber que esses conceitos tão diferentes de evolução foram expressos pelos dois fundadores da teoria evolucionária; eles mostram que a evolução pode ser interpretada de maneiras bem distintas. Se o indivíduo for materialista, a criatividade evolucionária pode ser apenas uma questão de acaso. Mas, se ele acredita que há outras forças ou inteligências no universo, então existem outras fontes possíveis de criatividade, quer ele as chame de anjos ou não.

Isso levanta um problema com o qual Aquino e outros pensadores medievais não tinham de lidar, ou seja, o papel dos anjos na evolução. Por exemplo, à medida que novas galáxias aparecem, supõe-se que os anjos designados para governar cada uma delas passem a existir junto com o surgimento desses sistemas estelares, a menos que todos os anjos lá estejam esperando para se manifestar no momento do Big Bang.

MATTHEW: E talvez os anjos sejam reciclados, como aqueles que protegiam os dinossauros; caso contrário, estariam sem trabalho há 60 milhões de anos.

RUPERT: Essas são questões inconcebíveis na Idade Média. Nossa cosmologia evolucionária tem muito mais espaço para os anjos.

MATTHEW: Sim. Eu tenho a forte sensação de que, à medida que a cosmologia viva voltar, os anjos voltarão, porque eles fazem parte de qualquer cosmologia sensata. Talvez os anjos tragam para nossa cultura um pouco da imaginação de que estamos precisando.

Em meu livro *A vinda do Cristo Cósmico*[7], criei o termo "ecumenismo profundo". Para mim, ecumenismo profundo vai além do relacionamento formal entre as religiões do mundo em termos de doutrina e estudos teológicos; significa participar mais efetivamente em suas tradições místicas e realizar orações e rituais juntos.

Todas as tradições religiosas que conhecemos têm algo a dizer sobre anjos, espíritos outros que não seres humanos. Buck Ghosthorse, um professor espiritual lakota, certa vez me disse: "O que vocês, cristãos, chamam de anjos, nós, índios, chamamos de espíritos". Este é um consenso a partir do qual todas as tradições religiosas podem caminhar juntas atualmente, em ecumenismo profundo. Os anjos não são rotulados budistas, muçulmanos, hindus, luteranos, anglicanos e católicos romanos; eles estão acima das denominações.

Claramente, os anjos serão parte do movimento de ecumenismo profundo. Estamos vivendo em um momento histórico em que nós, enquanto espécie, temos de perguntar: o que temos em comum? Os limites entre culturas e religiões estão se desfazendo. Isso torna importante travarmos uma séria discussão a respeito de nossa tradição de anjos no Ocidente, não por jingoísmo, mas para conhecermos nossa própria tradição bem o suficiente para que, quando encontrarmos anjos e espíritos de outras tradições, não nos sintamos ameaçados por eles.

Para que possamos, em vez disso, procurar elos em comum, as verdades comuns entre as tradições.

As tradições xamanistas do mundo são especialmente importantes em nossa busca por sabedoria hoje. Os povos indígenas viveram e sobreviveram por milhares de anos em meio a adversidades tamanhas, como animais selvagens e condições climáticas extremas; eles tiveram de descobrir maneiras de criar uma comunidade, de curar, de educar e de aprender. Há aqui uma tremenda sabedoria que foi quase perdida, mas não completamente, e tem tudo a ver com espíritos e anjos. Quando oro com índios norte-americanos, sinto vestígios disso tudo, indícios que preenchem um vazio em minha própria experiência religiosa. Nossos ancestrais celtas também tiveram uma teologia bem desenvolvida a respeito de anjos e espíritos guardiões.

RUPERT: Sim. A consciência dos espíritos não humanos é fundamental para a experiência religiosa de quase toda tradição, talvez desde o momento em que nos tornamos humanos. Esse pode ser o ponto fundamental da experiência religiosa. A consciência dos espíritos vem antes da ideia de um único Deus. É significativo que, nas tradições cristã, judaica e islâmica, assim como na hindu e na budista, haja a presença constante de uma variedade de espíritos. Mesmo na mais monoteísta das fés, o islamismo, não encontramos uma negação aos anjos. Essa antiga propensão da experiência religiosa não é negada, mas amplificada pela recente evolução das religiões.

MATTHEW: Mas temos um momento na história da humanidade em que esses espíritos foram excomungados, e isso aconteceu nos últimos séculos, na Era Moderna. Isso mostra que uma incrível ruptura e uma perversão ocorreram na consciência humana ao longo dos últimos séculos, enquanto ensaiávamos o divórcio de nossa relação com anjos e espíritos. Acredito que isso ajude a explicar o preço que pagamos em termos de desastre ecológico, guerra e ganância. Talvez a secularização definitiva de nossas relações esteja em banir os anjos para a esfera do ridículo ou do sentimentalismo.

RUPERT: Ou reduzi-los a meras manifestações de nossa psique. Hoje, muitas pessoas diriam: "Tudo bem, as pessoas têm experiências com anjos. Mas são apenas produtos de sua imaginação. Os anjos não existem por aí; eles são subjetivos, habitam a mente das pessoas".

Não é difícil para as pessoas aceitarem a existência subjetiva dos anjos. O grande desafio é reconhecer a existência objetiva de inteligências não humanas, e é esse o desafio que enfrentamos agora.

MATTHEW: Também acho que deveríamos estender o ecumenismo profundo para a ciência em si. Quais as implicações para a ciência atual em redescobrir a rica, profunda e ampla compreensão dos anjos que herdamos das tradições ocidentais, como as representadas por Dionísio, Hildegarda e Aquino?

RUPERT: Isso é muito importante, porque o que a ciência agora nos revela está muito além do que qualquer tradição do passado já foi capaz de vislumbrar. Eles não tinham telescópios ou radiotelescópios, nem o senso de vastidão do universo revelado pela ciência, nem o conhecimento de uma variedade de corpos celestes ou da história da evolução cósmica. À medida que abandonamos o antigo universo mecanizado e adotamos um sentido mais orgânico de natureza em desenvolvimento, precisamos perguntar que tipo de consciência existe no universo além da nossa.

Dionísio, o Areopagita

Dionísio viveu no século VI, provavelmente na Síria. Durante muitos séculos, foi erroneamente identificado como Dionísio, o Areopagita, convertido por São Paulo em Atenas (Atos dos Apóstolos 17,34). Ele costuma ser chamado, mais corretamente, de Dionísio, o Pseudo-Areopagita, ou, simplesmente, Pseudo-Dinis. Essa confusão deu a seus textos grande autoridade até o século XVI, e sua influência na teologia ortodoxa e ocidental tem sido enorme.

Profundamente influenciado pelo filósofo neoplatônico Proclo (411-485), Dionísio combina neoplatonismo e cristianismo em seus quatro principais livros: *As hierarquias celestiais*, *Hierarquia eclesiástica*, *Nomes divinos* e *Teologia mística*. Em *As hierarquias celestiais*, discute extensamente as nove ordens dos anjos como mediadoras de Deus para a humanidade, e é desse livro, que tem sido tão influente na angelologia cristã, que a maioria das passagens que se seguem foi retirada. Dionísio já foi chamado "monofisista moderado" em sua teologia, sendo o monofisismo a doutrina herege que nega o lado humano do Cristo na Encarnação. Mas, em 649, o Concílio Laterano recorreu a seus trabalhos para combater os pensadores monofisistas mais extremos, e essa invocação de suas obras por um concílio da Igreja ajudou a abrilhantar a autoridade doutrinal de seus ensinamentos. Porquanto explica detalhada e largamente as nove ordens a que São Paulo faz apenas leve referência, sua angelologia acabou influenciando enormemente a teologia cristã.

A multiplicidade dos anjos

> A tradição escriturística relativa aos anjos atribui a eles os números de milhares e milhares e dez mil vezes dez mil, multiplicando e repetindo os números mais elevados que nós conhecemos, revelando claramente que as Ordens dos Seres Celestiais são incontáveis; muitos são os abençoados Acolhedores das Inteligências Supramundanas, ultrapassando totalmente o frágil e limitado alcance de nossas medidas.[1]

MATTHEW: Dionísio fala sobre os anjos no contexto da vastidão do cosmo e diz que os números são incontáveis. Séculos mais tarde, Mestre Eckhart afirmaria que o número de anjos ultrapassa o de grãos de areia da Terra. Então estamos falando de uma enorme variedade, um grande desafio à nossa imaginação. Vá além dos números que você conhece – continue adicionando zeros para ter uma ideia dos números angelicais.

RUPERT: Já que grandes números são geralmente chamados astronômicos, isso nos faz lembrar a óbvia relação com as estrelas. Reconhecemos o cosmo repleto de inúmeras galáxias, com cada uma contendo bilhões de estrelas. Quando olhamos para o céu à noite, vemos apenas as estrelas de nossa galáxia, sendo a Via Láctea a principal parte dela. Se os anjos estão conectados às estrelas, então teríamos, literalmente, um número astronômico de anjos.

MATTHEW: Números astronômicos e seres astronômicos.

RUPERT: Sim. E se também pensamos nos anjos como entidades conectadas a todos os tipos de seres na natureza, então temos de considerar os milhares de espécies biológicas na Terra, e provavelmente bilhões de outros planetas ao redor de outras estrelas e galáxias. Logo, esses planetas mesmos são organismos, assim como o nosso, Gaia. O grande número de formas de organização na natureza confunde nossa imaginação, tal como Dionísio afirma a respeito do número de anjos.

MATTHEW: Parece apropriado, nesse contexto, voltarmo-nos para um dos assuntos favoritos de Dionísio, a hierarquia. Na verdade, ele parece ter inventado essa palavra em seu livro *As hierarquias celestiais*.

Hierarquias, campos e luz

Em minha opinião, hierarquia é uma ordem sagrada, um saber e uma ação que, tanto quanto possível, participa da semelhança divina e se ergue para as iluminações emanadas por Deus; correlativamente, inclina-se à imitação de Deus.

Agora, a beleza de Deus, ser unificador, bondoso e fonte de toda a perfeição, está totalmente isenta da dessemelhança, e derrama sua própria luz sobre cada um conforme seu merecimento; e os mistérios mais divinos os aperfeiçoa de acordo com a configuração imutável daqueles que estão sendo harmoniosamente aperfeiçoados.

O objetivo da hierarquia é a maior assimilação possível e a união com Deus, e tomá-lo como guia em toda a sabedoria sagrada para se tornar como ele, até quanto for permitido, contemplando atentamente sua beleza divina. Isso também molda e aperfeiçoa seus integrantes em relação à imagem sagrada de Deus, como espelhos claros e imaculados que recebem os raios da divindade suprema, que é a fonte de luz; e sendo misticamente tomados pelo dom da luz, esta irradia sucessiva e abundantemente, de acordo com a lei divina, sobre aqueles que estão abaixo na escala hierárquica. Pois não é lícito para aqueles que comunicam ou participam nos mistérios sagrados ultrapassar os limites de suas leis sagradas; nem devem se desviar deles se procurarem contemplar, na medida do que for permitido, esse esplendor divino, e ser transformados na semelhança daquelas inteligências divinas. Portanto, aquele que fala de hierarquia sugere certa ordem sagrada à semelhança da beleza divina primordial, que ministra o sagrado mistério de sua própria luz na ordem e na sabedoria hierárquicas, estando em conformidade com seus princípios.

Cada um daqueles para quem está designado um lugar na ordem divina encontra sua perfeição em ser elevado, de acordo com sua capacidade, em direção à semelhança divina; e o que é ainda mais divino, ele se torna, como dizem as Escrituras, um cooperador de Deus, e espelha daí em diante, o quanto possível, a atividade divina revelada nele mesmo. Para a constituição sagrada da hierarquia, determina-se que alguns sejam purificados, outros purifiquem; alguns sejam iluminados, outros iluminem; alguns sejam aperfeiçoados, outros pratiquem a perfeição; assim, a imitação divina servirá a cada um.[2]

RUPERT: O que Dionísio diz aqui está relacionado ao conceito neoplatônico das emanações do Único, a fonte da qual as coisas fluem. A ideia de uma cadeia do ser foi muito importante no mundo antigo e continuou sendo um tema comum na literatura até os tempos modernos. Existe uma fonte de ser, e, assim, cada categoria de ser abaixo dela torna-se mais e mais tênue quanto maior a distância descida até a matéria. Essa parece ser a base do pensamento neoplatônico de Dionísio. Você concorda?

MATTHEW: Sim, e acho que é difícil lidar com isso hoje em dia. A ideia de que tudo emana de uma fonte é boa; é certamente esta a imagem que tenho da história da criação – tudo começando com uma fagulha minúscula da bola de fogo. Mas a ideia de que os seres têm de estar distantes da matéria para se tornar espirituais é, em minha opinião, um dos grandes enganos cometidos pelo pensamento helenístico, e se arrisca a todo tipo de dualismo.

Também acredito que exista uma outra implicação em seu modo de se expressar, por exemplo, em sua máxima do "ser elevado". A ideia de irradiar de cima para baixo parece menosprezar o que está embaixo, seja a terra em que pisamos ou os chacras mais baixos de nossa natureza. Existem problemas inerentes ao neoplatonismo com os quais não me sinto à vontade. A união da energia na matéria e do espírito na matéria em nosso século conseguiu desfazer os enganos baseados no dualismo matéria contra espírito.

Mas a maneira como Dionísio descreve a hierarquia é interessante – uma ordem sagrada, um saber e uma ação participando na semelhança divina e, é claro, replicando em direção a uma imitação de Deus. Esse tipo de compreensão é útil.

E é interessante que sua próxima definição de hierarquia envolva a beleza de Deus. O dom primordial a que ele se refere como fluindo da fonte é a beleza e a luz. Para ele, a beleza é luz. Eu acho isso maravilhoso. Acredito que o resgate da beleza como sendo outro nome para o divino é muito importante hoje. Está por trás da paixão por ecojustiça, por exemplo. A beleza é uma das grandes fontes de energia que temos como indivíduos, e nossa experiência de beleza é o que partilhamos como espécie.

RUPERT: Mas não há um problema com a imagem de Deus como fonte de luz? Isso implica dizer que o homem tem a fonte mais brilhante em cima, e, à medida que se afasta, vai-se mesclando com a escuridão, e então a escuridão se torna outra forma neoplatônica de concepção da matéria.

MATTHEW: Exatamente.

RUPERT: A escuridão, nessa perspectiva, não é parte do divino; é um princípio negativo. Mas, se tomarmos a escuridão e a luz como princípios polares contidos no divino, então teremos uma visão diferente. Teremos tanto uma visão inferior/para cima como uma visão superior/para baixo. Entendemos que a intermistura de luz e matéria, o fluxo descendente de uma fonte brilhante, não é totalmente negativo, nem uma dissolução de qualquer princípio divino primário.

MATTHEW: Passei por essa experiência quando fiquei acordado uma noite inteira na floresta e percebi que a noite não é apenas a ausência do Sol; ela tem sua própria energia. A escuridão se estabelece, e tem energia e poder próprios. E isso está perdido na visão neoplatônica das coisas, que despreza a matéria, despreza a escuridão e despreza o "abaixo".

Mestre Eckhart diz: "Em cima é abaixo e abaixo é em cima", e isso é muito mais contemporâneo. Para Buckminster Fuller, qualquer pessoa que use as expressões *em cima* e *abaixo* está 400 anos atrasada, pois em um universo encurvado as coisas entram e saem, mas não vão para cima e para baixo.

Por isso, acredito que a ideia da subida da escada de Jacó, o arquétipo absoluto da escalada, pode ser uma fuga da *matéria* – mater, mãe, matéria, a Terra. Isso faz parte da visão hierárquica do mundo que o neoplatonismo dá como certa, e não podemos nos sentir à vontade com isso hoje.

Há também implicações políticas profundas. Por exemplo, esse texto contém uma afirmação, uma nota de rodapé, bastante perturbadora. É uma citação de Proclo, que foi um dos mais influentes filósofos neoplatônicos. "A peculiaridade da pureza é manter as naturezas mais excelentes isentas, tais como estão subordinadas."

Essa definição de pureza diz para mantermos as mãos limpas em relação àqueles que estão abaixo de nós. Ela certamente estimularia eventuais tentações em considerar uma consciência em castas. Isso endossa a mentalidade intocável e, novamente, é o que distingue essa filosofia neoplatônica de Proclo, Plotino e Dionísio da tradição bíblica que honra as coisas mais simples da vida como sendo puras por direito próprio, bem-vindas ao círculo de seres em que vivemos. Os aborígenes pensam em termos de círculo de seres, não de escada. Então, surge a pergunta: podemos mudar esse arquétipo da cadeia do ser para passarmos a compreendê-lo mais como um círculo ou uma espiral, e não como uma escada?

RUPERT: Acredito que sim. Mas também acho que existe valor nas imagens "em cima/abaixo". Quando olhamos para cima, vemos o céu. Olhar para os Céus é muito importante. Acredito que a maioria de nós, no mundo moderno, não olha para cima tanto quanto deveria. Nosso olhar é fixo na terra e nas coisas da Terra. Quase tudo o que compramos e vendemos vem da terra, assim como o dinheiro com que as compramos e vendemos. O Céu, o ambiente celestial, a potencialidade sem limites do espaço, a grande variedade de seres celestiais, simplesmente não faz parte do nosso olhar.

MATTHEW: Efetivamente, estamos olhando para cima ou para fora? Por exemplo, se formos para um lugar alto o suficiente, digamos sobre uma montanha ou desde um avião ou satélite, sabemos que estamos olhando para fora, e é justamente quando o universo se torna vasto. Em outras palavras, só olhamos para fora de maneira limitada porque nossos olhos não estão no topo da cabeça. É uma restrição anatômica termos de erguer a cabeça para ver as estrelas. Mas nem sempre é assim. Quando há horizontes – gosto dessa palavra, horizontes –, olhamos para fora, além da terra. E estou pensando agora sobre aquilo que chamam de grande céu, em Montana, onde realmente sentimos o horizonte lá fora, onde podemos ver o céu apenas olhando para a frente. E me lembro uma vez, em Dakota do Sul, saindo de uma tenda do suor*, e a Via Láctea estava totalmente em chamas: era possível ver todas as estrelas, mas elas passavam como um arco-íris desde a Terra, em um espaço curvo, voltando para a Terra de novo.

Mas, como você diz, nas cidades as pessoas são forçadas a olhar para cima mais vezes, porque destruímos o horizonte. De qualquer forma, não deixo de concordar com sua ideia principal, porque é a vastidão do cosmo que estamos perdendo por causa da maneira como olhamos o mundo.

RUPERT: Concordo que olhar para fora é uma boa maneira de colocar a questão. E a melhor forma de olhar para as estrelas é deitando-se no chão. Assim, podemos olhar sem ter de virar o pescoço, e podemos realmente apreciar o céu. Imagino que os primeiros observadores das estrelas eram pessoas como os pastores, que dormiam a céu aberto.

Olhar para fora no horizonte também é uma perspectiva importante. A maioria dos megálitos no mundo antigo, como o Stonehenge, era observatório para mirar o nascer e o pôr dos corpos celestiais no horizonte. Essas pedras dividiam o horizonte em arcos e regiões.

A ideia de hierarquia é importante em outro aspecto. Em qualquer visão de mundo holística – por exemplo, a filosofia orgânica da natureza de Whitehead, ou a visão de mundo holística como ela tem se desenvolvido hoje dentro da ciência e da filosofia –, a ideia essencial é que a cada nível de organização o todo é mais do que a soma das partes. A natureza é composta por uma série de níveis diferentes, e isso geralmente é chamado hierarquia. E é ainda mais apropriadamente denominado *hierarquia aninhada*, porque existem níveis dentro de níveis. Por exemplo, dentro de um cristal,

....
* No original, *sweat lodge*, uma espécie de sauna ritual sagrada utilizada em cerimônia xamânica de purificação, comum a diversas tradições indígenas das Américas. [N. de E.]

considerado como um todo, existem moléculas. E cada uma das moléculas dentro do cristal é ela mesma um todo formado por átomos, e cada átomo é um organismo próprio, com núcleo e elétrons em órbita ao redor dele. Então, cada núcleo é um todo de si mesmo composto de nêutrons, prótons e forças que os mantêm juntos, e assim por diante.

Vemos esses níveis múltiplos de organização em todos os lugares. Nossos próprios corpos, por exemplo, são totalidades, contêm órgãos, tecidos, células, organelas e moléculas. E nós, como organismos individuais, somos parte de sistemas maiores; somos parte de sociedades, e as sociedades são como um organismo em um nível mais alto. E estão dentro de ecossistemas. E então há o planeta, Gaia, e o sistema solar, que é um tipo de organismo, e a galáxia, e então os grupos de galáxias.

Quando analisamos a natureza dessa forma, em todos os níveis encontramos uma totalidade que é maior que a soma das partes, e essa totalidade inclui em si as partes. Não há como um planeta não pertencer a um sistema solar; precisa fazer parte dessa totalidade maior. Até onde sabemos, não há sistemas solares separados de galáxias. É mais ou menos como a cidade de San Francisco pertencer aos Estados Unidos: os Estados Unidos são maiores do que San Francisco; mas os Estados Unidos, por sua vez, são apenas uma parte do continente americano.

Estamos familiarizados com esse padrão de organização em todos os sentidos – geograficamente, na maneira como a natureza é constituída, e mesmo na maneira como nossa linguagem é organizada, com fonemas em sílabas, sílabas em palavras, palavras em frases, frases em parágrafos. Tudo isso são hierarquias aninhadas.

Outro termo para hierarquias aninhadas foi sugerido por Arthur Koestler: holarquia. Ele preferiu a palavra *holarquia* porque fugia da conotação de regra sacerdotal.

As hierarquias aninhadas ou holarquias da natureza nos ajudam a entender as ideias de Dionísio. Podemos entender as hierarquias angelicais nesse sentido inclusivo. Por exemplo, alguns anjos conseguiam se corresponder com os anjos das galáxias; outros, com os anjos do sistema solar e outros, ainda, com os anjos dos planetas. É realmente assim que as hierarquias celestiais eram frequentemente descritas, em uma série de esferas concêntricas.

MATTHEW: Também penso se tratar de um relacionamento de três dimensões. Se o indivíduo tomar as hierarquias em duas dimensões, a partir de uma escada, ficará preso àquela concepção dominante e dominadora. Mas, se concebê-las como esferas dentro de esferas, elas não estarão estáveis umas sobre as outras, apresentando uma ou outra disposição; elas terão seu próprio espaço e configuração.

Um ponto que gostaria de enfatizar na explicação de Dionísio a respeito da hierarquia é seu comentário sobre cada ser, "conforme sua capacidade", participar da ordem e da semelhança divinas e "se tornar, de acordo com as Escrituras, um cooperador de Deus, demonstrando assim sua ação divina". Ele diz que a hierarquia é uma ordem santa, um saber e uma ação. A ação flui dessa participação na beleza, e ser um cooperador de Deus é, como ele diz, uma imitação divina. Acho que isso dá uma dimensão dinâmica para seu senso de hierarquia.

Gosto muito do termo "holarquia". A palavra *hierarquia* carrega tanto peso – talvez muito mais do que Dionísio pretendeu – que é preciso buscar outras designações. Opressão política, dentre outras coisas, está nela incluída. Na verdade, acredito que a melhor parte da palavra *hierarquia* é "hier". Em inglês, quando a maioria das pessoas escuta a palavra *hierarquia*, a associa a alto; àqueles que estão no topo, explorando os que estão embaixo. Mas certamente não é isso; *hieros* é um termo grego e significa sagrado. É porque perdemos o senso do sagrado no Céu e na Terra que estamos envolvidos nesse problema.

RUPERT: Gosto de holarquia porque, na verdade, *hier* não quer dizer apenas sagrado, mas santo; e "santo", em inglês [*holy*], tem a mesma raiz que "todo" [*whole*]. Assim como em grego, *holos* remete a uma totalidade.

MATTHEW: Outra frase forte que ele usa aqui é "[Beleza Divina] molda e aperfeiçoa seus integrantes em relação à imagem sagrada de Deus, como espelhos claros e imaculados que recebem os raios da divindade suprema, que é a fonte de luz".

Hildegarda de Bingen diz que toda criatura é cintilante, um espelho resplandecente de divindade. Esta é a tradição, uma tradição maravilhosa. Deus olha para nós como em um espelho e vê a Si próprio. Somos espelhos divinos. E é claro que os espelhos precisam de luz. Um espelho no escuro não funciona como espelho. Os espelhos são carentes; eles têm que receber. Esse tema dos espelhos ao qual ele se refere é muito comum na tradição mística; na verdade, o termo "misticismo especulativo" tem a ver com misticismo do espelho. A palavra latina para espelho é *speculum*. Dionísio está dizendo que as coisas são espelhos da divindade. Não tem a ver com especulação e com transformar o misticismo em um ato filosófico de racionalização. Tem a ver com encontrar a imagem do espelho nas coisas. Tudo espelha Deus.

Os anjos, então, têm um poder especial de espelhamento. Talvez sejam como os sofisticados espelhos no telescópio Hubble. Houve um rápido avanço na arte humana de produzir espelhos, e isso tem sido muito importante para iluminar nossos telescópios e compreender mais a fundo o universo. E o espelho é uma invenção tecnológica maravilhosa. Gostaria de saber quem criou o primeiro espelho. Imagino como as pessoas ficaram chocadas ao olhar para ele.

RUPERT: Eu pensei que os primeiros espelhos tivessem sido as lagoas, como no mito de Narciso.

MATTHEW: Espelhos naturais. Talvez o primeiro espelho contivesse uma pequena quantidade de água ao redor. Isso é bom.

RUPERT: Continuando com a ideia de hierarquia, algo importante a respeito da organização das holarquias naturais é que elas podem ser pensadas como níveis de organização por campos. Chamo esses campos de mórficos, os campos que determinam a forma e a organização do sistema. Podemos pensar em uma galáxia como tendo seu campo; em um sistema solar como tendo seu campo; e em um planeta como tendo seu campo. Os níveis de organização inclusiva também são níveis de campos inclusivos. Mesmo sem minha teoria a respeito dos campos mórficos, ainda temos a ideia de um campo gravitacional galáctico, do campo gravitacional solar que abrange todo o sistema solar e faz os planetas girarem ao redor do Sol, e do campo gravitacional da Terra mantendo-nos a todos na Terra e fazendo a Lua mover-se na sua órbita. Também existem os campos magnéticos da galáxia, do Sol e da Terra, e seus campos elétricos relacionados. Mesmo se apoiássemos as concepções limitadas sobre campos até então disponibilizadas pela ciência, perceberíamos a existência de hierarquias aninhadas de campos, ou uma holarquia de campos.

O mesmo acontece com os campos eletromagnéticos no interior de um cristal: dentro do campo do cristal estão os campos moleculares; dentro destes, os campos atômicos, os campos dos elétrons e o núcleo atômico. Esses não são apenas campos eletromagnéticos, mas campos de matéria quântica.

A concepção moderna de campos tem substituído, de várias maneiras, a concepção tradicional das almas como entidades organizadoras invisíveis. Até o século XVII, mesmo a eletricidade e o magnetismo eram descritos em termos de almas, estendendo-se invisivelmente além do corpo magnética ou eletricamente carregado e capaz de atuar a distância.

Os campos são uma forma contemporânea de pensar a respeito dos princípios organizadores invisíveis da natureza. Historicamente, esses princípios organizadores invisíveis eram vistos como almas.

A alma do universo, o *anima mundi*, tem sido substituída pelo campo gravitacional. A alma magnética tem sido trocada pelo campo magnético, e a alma elétrica, pelo campo elétrico. As almas vegetativas de plantas e animais, as almas organizadoras do crescimento do embrião e do corpo têm sido trocadas na moderna biologia desenvolvimentista pelos campos morfogenéticos. A alma animal pode ser substituída pelos campos do instinto e do comportamento, e nossa atividade mental pode ser entendida em termos de campos mentais.

MATTHEW: Deixando de lado a ideia de que a alma está no corpo, vamos simplesmente dizer que o corpo está na alma. A que distância, quão próximos do horizonte nossos campos de alma podem vagar? Em outras palavras, nossos pensamentos, nossas esperanças, nossos sonhos, nossas paixões, nosso conhecimento? De alguma maneira, tudo sobre o que estamos falando está encapsulado em nosso campo de alma. Só podemos falar sobre o que sabemos ou sobre o que imaginamos que sabemos, e assim nossos campos, ou seja, nossas almas, estão crescendo de várias maneiras, conforme alcançamos os perímetros do universo. Então, podemos dizer que há um despertar do campo humano. Estamos renunciando à pequenez da alma circunscrita à glândula pineal ou ao córtex cerebral que a Era Moderna dispensou a ela enquanto dinâmica "encapsuladora", a consciência de tudo que podemos saber.

RUPERT: Eu concordo. Acredito que nosso conhecimento não se distende de nosso cérebro para incluir aquilo que percebemos, aquilo que experimentamos e aquilo que sabemos. Nossos campos mentais são muito mais vastos que nosso cérebro e, conforme nossas concepções se ampliam e se estendem, conforme nosso senso do cosmos se alarga, nossos campos se tornam cósmicos por extensão.

Na medida em que concebemos os anjos como holarquicamente organizados, talvez possamos vê-los como associados a campos de anjos. Os próprios anjos poderiam ser pensados como uma manifestação singular da atividade desses campos, assim como os fótons são um meio particular de se pensar a atividade, a energia, carregada nos campos eletromagnéticos.

Então, os seres angélicos, assim como os seres quânticos, podem ter um aspecto duplo, um aspecto repartido que tenha relação com a região de atividade na qual eles atuam, e manifestações como *quanta* de atividade.

MATTHEW: De alguma forma estamos falando sobre fóton e campo se unindo na luz. Luz angelical.

RUPERT: E o papel tradicional deles é o de interconectores, de mensageiros. O próprio nome *anjo* deriva desse significado de "mensageiro". Então, são coisas que se conectam; e conectar-se é o que os campos fazem.

MATTHEW: E, como mensageiros, é oportuno que estejam retornando em nosso tempo, já que estamos redescobrindo o conceito de universo reconhecido como interconectividade.

Quando o universo passou a ser concebido como desconectado ou isolado, os anjos tiveram de sair de férias. Uma vez que sua principal tarefa é conectar e interconectar, não havia muito que eles pudessem fazer dentro da engrenagem do mundo.

Eu gosto da ideia de anjo como conector. Reza a tradição que alguns se conectam em termos de conhecimento e orientação, alguns em termos de cura, alguns em termos de proteção e alguns em termos de inspiração. Então faz sentido, no momento em que estamos redescobrindo a interconectividade, que esses anjos, que parecem conectar um polo da relação a outro, venham a encontrar uma grande oferta de empregos. Deveríamos pendurar um aviso: PRECISA-SE DE ANJOS. Existe muito trabalho para os anjos em um período de interconectividade.

RUPERT: E é claro que a interconectividade dentro de um campo não é um processo unilateral. Se eu tiver um grande ímã com um campo magnético forte e colocar um ímã menor próximo dele, o campo do ímã maior tanto influenciará quanto será influenciado pelo campo do ímã menor. Se eu mover o ímã menor, ele afetará o campo todo.

MATTHEW: Agora temos uma boa analogia para a hierarquia ou holarquia salutar. Existe uma influência mútua, em que o grande ímã não está apenas dizendo ao pequeno o que fazer, mas há intercâmbio.

RUPERT: A gravidade, mesmo de acordo com Newton, age sob esse princípio. Toda matéria atrai qualquer outra matéria no universo. Acreditamos que exista uma conexão mútua, e não apenas uma influência unilateral. Seguindo Einstein, agora entendemos essa interconectividade mútua como diretamente mediada por campos gravitacionais, todos contidos dentro do campo gravitacional do universo, o campo universal.

À medida que, como seres diretamente mediados por mensageiros ou conexões invisíveis – ou anjos –, pensamos sobre quaisquer coisas que nos afetem, algo do que nos está sucedendo e do que está acontecendo ao mundo será transportado através do campo angélico para níveis mais inclusivos de organização, para campos mais inclusivos de consciência.

MATTHEW: A imagem dos campos é muito mais profícua para mim do que a imagem básica que temos de uma escada. Um campo é tridimensional.

RUPERT: Os anjos atuam em campos de atividade, coordenando e conectando. Os corpos materiais são mutuamente exclusivos – não é possível ter duas bolas de bilhar no mesmo lugar ao mesmo tempo –, mas os campos podem se interpenetrar. Por exemplo, a sala onde estamos está preenchida pelo campo gravitacional da Terra, e por isso não estamos flutuando. Interpenetrando o campo gravitacional está o campo eletromagnético, através do qual podemos nos ver um ao outro, e que também está repleto de ondas de rádio, transmissões de TV, raios cósmicos, raios ultravioleta e infravermelhos, todos os tipos de radiações invisíveis. Estas também não interferem uma na outra. Só haverá interferência mútua se as ondas de rádio estiverem na mesma frequência. Mas todos os programas de rádio e TV no mundo podem coexistir, interpenetrando o mesmo espaço sem eliminar ou negar um ao outro. Mesmo que tomemos apenas os campos que a ciência ortodoxa reconhece atualmente – campos de matéria quântica, campos eletromagnéticos e campos gravitacionais –, todos eles se interpenetram. E, assim, a ideia de assemelhar anjos e campos nos permite entender como essas entidades também podem se interpenetrar.

MATTHEW: O que eu gosto na palavra *campo* é o fato de ser um termo usado no dia a dia. A palavra *campo* remete a uma sensação de espaço. Parece um convite à brincadeira: podemos brincar no campo. Além disso, seres vivos crescem nos campos. Um campo é generativo; é um local de vida e atividade. Também diz respeito a ter os pés no chão. É matéria, é terra, é a vida borbulhando de cima a baixo. É uma deferência aos chacras inferiores. Acredito que os campos são uma metáfora maravilhosamente rica para trazer os anjos para a terra, e ainda são tridimensionais. Então, quero exaltar a palavra *campo* em sua conotação não científica. Ela também nos exprime a ideia de algo cotidiano e de boas-vindas.

Também podemos redescobrir o significado da palavra *receptivo*. De certo modo, um campo é um espelho. Ele atrai a luz e a converte em vida, por meio da fotossíntese, e em alimento. Coisas maravilhosas vêm dos campos. Obviamente, todos os alimentos vêm dos campos. Pastagens, pomares, locais de brincadeira e jogos com bola. Gaia é um estádio. Ela convida as pessoas a brincar.

Ontem, aqui em Londres, estava observando jogadores de futebol chutando a bola no Regent's Park, e me ocorreu que Gaia não é apenas terra – Gaia é essa criatura de duas pernas com a bola de borracha, jogando sobre a terra. Mas, para praticar esse jogo, é preciso ter campos. E o que são os relacionamentos, o que é um casamento senão um esforço para criar um campo? O que é um lar senão um campo? Crianças, trazer novos seres ao mundo e levar aqueles que morrem, e tudo o que se passa nesse ínterim. Isto é viver a vida nos campos, os campos da interconectividade.

RUPERT: Quando Faraday usou a palavra *campo* pela primeira vez na ciência, estava usando uma palavra comum que já continha em si todas essas implicações. O principal significado é campo agrícola, e isso dá origem ao sentido geral de campo como região de atividade, como "campo de batalha", "campo de interesse" e "campo de visão". Um campo é um lugar onde fazemos alguma coisa. Para abrir campos, em geral os primeiros agricultores tiveram de derrubar árvores para então plantar nos espaços livres. Se pararmos de cultivar os campos, se abandonarmos a atividade agrícola, os campos voltarão a ser florestas, tanto como na Nova Inglaterra. Então, teremos um outro tipo de campo, o campo natural e auto-organizador da floresta.

Participação e revelação

> Portanto, todas as coisas compartilham daquela providência que jorra da fonte divinizada superessencial nelas contida; para eles [seres celestiais] não seria assim, a menos que tivessem surgido por meio de sua participação no princípio essencial de todas as coisas.
>
> Todas as coisas inanimadas participam Dele por meio de sua existência; pois o "ser" de todas as coisas é a divindade acima do Ser propriamente dito, da vida verdadeira. As coisas vivas participam de Seu poder de dar a vida acima de

toda vida; as coisas racionais participam de Sua perfeita e preeminente sabedoria acima de toda razão e intelecto.

Fica claro, por conseguinte, que essas naturezas que estão ao redor do Ente Supremo participaram Dele de várias maneiras. Assim, as categorias sagradas dos seres celestiais estão presentes e participam do princípio divino em um grau que ultrapassa todas aquelas coisas que simplesmente existem, as criaturas vivas irracionais e os seres humanos racionais. Por modelarem eles mesmos de modo compreensível a imitação de Deus, por se assemelharem de forma sobremundana à divindade suprema, e por desejarem compor a aparência intelectual Dele, [os seres celestiais] naturalmente têm uma profusa comunhão com Ele; e, com a atividade incessante que eles eternamente elevam ao máximo, até quanto for permitido, por meio do ardor de seu inabalável amor divino, recebem a radiância básica de modo puro e não material, adaptando-se a isso no decurso de uma vida completamente intelectual.

Assim, consequentemente, são eles que participam em primeiro lugar e das mais variadas formas na Divindade, e revelam primeiro, e de várias maneiras, os mistérios divinos. Assim, eles, acima de tudo, são preeminentemente merecedores do nome anjo porque primeiro recebem a luz divina, e por meio deles são transmitidas a nós as revelações que estão acima de nós [...]

Agora, se alguém disser que Deus tem se mostrado sem intermediário a certos homens santos, deixa-o saber, sem dúvida, a partir das Escrituras Sagradas, posto que homem algum jamais viu, nem verá, o Ser oculto de Deus; mas Deus tem se mostrado, de acordo com as revelações que

Lhe convêm, a seus servos fiéis em visões sagradas apropriadas à índole do vidente.

A teologia divina, na plenitude de sua sabedoria, acertadamente emprega o nome teofania para a contemplação de Deus e mostra a semelhança divina, idealizada em si mesma como uma semelhança na forma daquele que não tem forma, através da edificação daqueles que contemplam o Divino; tanto quanto através Dele uma luz divina é emitida sobre os videntes, e eles são iniciados em uma participação das coisas divinas.

De acordo com essas visões divinas, nossos veneráveis antepassados foram instruídos pela mediação das forças celestiais. Não está dito nas Escrituras que a lei sagrada foi dada a Moisés pelo próprio Deus para nos ensinar que nela se espelha a lei divina e sagrada? Além disso, a teologia sabiamente ensina que ela nos foi comunicada pelos anjos, como se a autoridade da lei divina decretasse que os segundos deveriam ser guiados até a majestade divina pelos primeiros [...] Dentro de cada hierarquia existem categorias e poderes principais, intermediários e finais, e os mais altos são instrutores e guias dos mais baixos no caminho para a aproximação, iluminação e união divinas.

Entendo que os anjos também foram primeiro iniciados nos mistérios divinos de Jesus em seu amor pelo homem, e por meio deles o dom desse conhecimento nos foi outorgado: pois o divino Gabriel anunciou a Zacarias, o alto sacerdote, que um filho seu nasceria pela graça divina, quando ele não mais tinha esperança de tê-lo, e que seria um profeta daquele Jesus que manifestaria a união das naturezas humana e divina por meio dos preceitos da boa lei para a salvação do mundo; e revelou a Maria como dela nasceria o mistério divino da inefável Encarnação de Deus.

Outro anjo ensinou a José que a divina promessa feita a seu antepassado Davi seria perfeitamente cumprida. Outro levou aos pastores as boas-novas, bem como àqueles purificados pelo desprendimento silencioso de outros tantos, e com ele uma multidão de anjos emitiu nosso hino de adoração frequentemente cantado a todos os habitantes da Terra.[3]

MATTHEW: A participação é um dos conceitos importantes no trabalho de Dionísio, e eu acho que ainda é uma palavra importante; na verdade, ela certamente faz parte do pensamento do novo paradigma, indo dos relacionamentos sujeito-objeto aos relacionamentos participativos. Todos participamos do poder da fonte. Todas as coisas, mesmo as inanimadas, participam em seu ser. As coisas vivas participam do poder de dar a vida. As coisas racionais participam da sabedoria. É interessante que Dionísio diga sabedoria, e não conhecimento. A sabedoria inclui o coração, por isso é um tipo de conhecimento muito inclusivo.

As naturezas que estão ao redor de Deus participam mais integralmente porque "têm uma comunhão mais profusa" com Deus. É uma boa frase, comunhão profusa. Essa é a fonte dos anjos, sua comunhão profusa. Eles recebem sua primeira radiância de maneira pura. Eles são receptíveis à luz e à radiância. A palavra *radiância* também é um termo importante que carrega em si as tradições místicas. A palavra *doxa*, nas Escrituras, quer dizer glória ou radiância. E o *shekinah*, a tradição judaica da face feminina de Deus, é uma presença radiante de Deus. Tem a ver com a presença. Então, a pergunta a ser feita não é se Deus existe, mas onde está a presença? Onde está a radiância? Mostre-me a radiância.

De acordo com Dionísio, os anjos foram os primeiros a receber a luz divina, foram os primeiros a sentir a radiância. E eles, por sua vez, nos transmitem as revelações. Então, é interessante que esse autor relacione revelação à participação e à recepção de luz.

Ele continua falando sobre as pessoas que experimentam visões sagradas e teofanias. *Teofania* é uma palavra maravilhosa para a contemplação do divino. Finalmente, ele a aplica às Escrituras e à história de Jesus. Os anjos desencadearam o mistério divino de Jesus. Há inúmeros exemplos de anjos na história de Jesus: o anjo que anunciou o nascimento de João Batista; o anjo que anunciou o nascimento de Jesus; o anjo que disse a José o que deveria fazer; os anjos que apareceram aos pastores antes do nascimento de Jesus; e assim por diante. A participação, proveniente do estado de comunhão profusa, se torna revelação do Ente Supremo. A presença de anjos nesses acontecimentos na vida de Jesus são indicadores do cumprimento do Cristo Cósmico em Jesus, pois, onde há anjos, lá também estão as forças cósmicas.

RUPERT: Eu também gosto do termo "participação". Ele carrega um sentido de vida imanente a todas as coisas, às criaturas inanimadas, vivas e racionais. Implica não apenas um movimento do divino para nós, mas também que somos parte da vida do ser divino.

Uma coisa que sempre surge nessas velhas discussões sobre os anjos e que não está clara para mim é a ideia de que "eles recebem a radiância básica de maneira pura e não material, adaptando-se a isso no decurso de uma vida completamente intelectual". Dionísio escrevia dentro da tradição neoplatônica, e o significado de "completamente intelectual" era, para ele, muito diferente do nosso. Talvez você possa esclarecer isso, porque é óbvio que ele não se refere a alguém voltado apenas para a própria inteligência. A palavra *intelectual* tinha um sentido mais amplo do que aquele que geralmente empregamos hoje, não é verdade?

MATTHEW: Sim. Acredito que a expressão que mais se aproxima desse sentido hoje seria "uma consciência plena". *Theoria*, em grego, de fato significava o que entendemos por "meditação". Então é uma palavra que traz em si o coração e a inteligência em contemplação. Mas também tenho problemas com isso, principalmente no contexto em que ele fala sobre uma "maneira pura e não material". Novamente nos voltamos para a suposição neoplatônica de que o homem precisa ser imaterial para ser puro, e ser um intelectual para ser puro e radiante. E acredito ser esta uma das fontes de muitas de nossas dificuldades dualísticas no Ocidente.

Não considero isso totalmente reparável. Acredito que essa concepção seja resultante de uma cultura que está pouco à vontade com a matéria e cuja filosofia, como um todo, a apoiou. A matéria é o degrau mais baixo da cadeia do ser, e é apenas tolerada.

RUPERT: Essa compreensão neoplatônica da matéria envolvia uma negação dos princípios espirituais e conferia à escuridão um sentido negativo. Então, por meio da revolução científica e do materialismo, a matéria assumiu um sentido diferente. Ela era a real substância das coisas. Para o materialista, a matéria era a base de tudo e foi concebida como sólida e permanente. Mas seu sentido mudou de novo à luz da física moderna. A matéria é feita de raias de energia dentro de campos e é, consequentemente, uma estrutura da atividade. Os campos em si são, na verdade, imateriais. O campo eletromagnético e o campo gravitacional não são feitos de matéria; em vez disso, como disse Einstein, a matéria é feita de campos. Matéria são raias de energia dentro de campos, é mais um processo do que uma coisa.

MATTHEW: É como se tivéssemos ido de uma extremidade do pêndulo à outra. Primeiro, a matéria é o problema, e, depois, o espírito é o problema. Mas, como você diz, estamos nos aproximando de um ponto de equilíbrio. Acredito que a palavra *energia* ajuda muito. Aquino define espírito em um ponto como o elã, o impulso que está em tudo. Então, o espírito é tanto parte da matéria quanto da não matéria.

Essa é outra razão pela qual acho que o termo "campo" é tão salutar em nossos dias. Ele nos permite considerar diferentes expressões de energia, às vezes como matéria, às vezes como puro relacionamento. A matéria não é algo em si; ela exprime relações e é um tanto imaterial.

RUPERT: Certo. Chega a ser imaterial até no sentido literal. Um átomo é mais do que 99,9% de espaço vazio – ou, mais exatamente, é cheio de campos. Elétrons, prótons e nêutrons são padrões vibratórios dentro desses campos, mas, na medida em que são vistos como partículas, ocupam apenas uma minúscula parte do espaço.

"Revelação" é, sem dúvida, um termo estéril da maneira como é usado pelos teólogos; gosto da ideia de Dionísio de vê-la como um aspecto da participação na sabedoria e na atividade divinas.

MATTHEW: Exatamente. Mais uma vez, tem a ver com relacionamento, participar da vida e da sabedoria. A imagem que eu tenho é a de um peixe na água. A água está no peixe e o peixe está na água. A imagem da participação na divindade, na fonte, é verdadeiramente uma afronta ao teísmo. É panenteísta. É a ideia de que tudo está, de alguma forma, banhado no divino, e de que o divino está abluindo completamente todas as coisas.

Mais uma vez, não diz respeito a deixar a Terra ou subir uma escada para encontrar o divino; tem a ver com despertar para a teofania, para a contemplação do divino ao nosso redor e dentro de nós. O termo "participação" transmite esse tipo de relacionamento dinâmico e ativo com a divindade.

RUPERT: Outra implicação dessa passagem é a de que os anjos primeiro participam daquilo que está por vir e depois ajudam a fazê-lo acontecer. Por exemplo, Dionísio diz: "Entendo que os anjos também foram primeiro iniciados nos mistérios divinos de Jesus em seu amor pelo homem, e por meio deles o dom desse conhecimento nos foi outorgado". Há uma concepção segundo a qual os anjos são um poder criativo; eles são parte da agência criativa por meio da qual o desenvolvimento, o desdobramento ou a evolução dos eventos acontece.

MATTHEW: Etimologicamente, a palavra *revelação* significa levantar o véu, remover a cortina, desvelar. É como um espetáculo teatral: as cortinas são levantadas e toda gente está ansiosa para saber mais sobre o show do qual está prestes a participar. Como você disse, a palavra *revelação* tem sido amenizada, sua energia tem sido sugada, e passou a aludir a um legado do dogma. Mas, na verdade, diz respeito a levantar os véus da ilusão, da desilusão e da projeção, para permitir que a realidade, a beleza e a graça sobressaiam.

A união entre participação e revelação traz de volta um pouco daquele caráter dinâmico. Tudo o que é verdadeiramente revelador é empolgante. Desperta.

Os diferentes tipos de anjos

Os nove coros de anjos, de acordo com a classificação de Dionísio:

PRIMEIRA ORDEM	SEGUNDA ORDEM	TERCEIRA ORDEM
Serafins	Dominações	Principados
Querubins	Virtudes	Arcanjos
Tronos	Potestades	Anjos

A primeira ordem

Os estudiosos hebreus nos dizem que o nome sagrado serafins quer dizer "aqueles que acendem ou aquecem", e que querubins denota abundância de conhecimento ou uma torrente de sabedoria. É justo, portanto, que essa primeira hierarquia celestial seja administrada pelas naturezas mais transcendentais, já que ocupa o lugar de maior exaltação entre todas as outras, estando imediatamente presente com Deus; e, por causa de sua proximidade, para essa ordem são mostradas as primeiras revelações e perfeições de Deus antes das demais. Por esse motivo são chamados "os incandescentes", "caudais de sabedoria", "tronos", para ilustrar sua natureza divina.

O nome serafins claramente indica sua eterna e incessante rotação em torno dos princípios divinos, seu calor e vivacidade, a exuberância de sua atividade intensa, perpétua e incansável, e sua assimilação elevatória e energética daqueles que se encontram embaixo, incendiando-os e inflamando-os com o próprio calor, e purificando-os completamente com uma chama ardente e que a tudo consome; e pelo poder categórico, inextinguível, imutável, radiante e iluminador, dissipam e destroem as sombras da escuridão.

O nome querubins denota seu poder, seu conhecimento e sua contemplação em Deus, sua receptividade do mais elevado dom de luz, sua contemplação da beleza de Deus em sua primeira manifestação, e mostra que eles estão repletos de participação na sabedoria divina e a servem generosamente, desde sua própria fonte de sabedoria, àqueles que se encontram abaixo deles.

O nome dos tronos mais gloriosos e exaltados revela que cada um deles está isento e livre de qualquer base ou coisa terrena, e que sua escalada supraterrestre sobreleva os pontos mais íngremes. Pois estes não pertencem ao mais baixo, mas reinam no poder mais pleno, inflexível e perfeitamente estabelecido no mais alto, recebem a imanência divina acima de toda paixão e matéria e manifestam Deus, estando solicitamente abertos às participações divinas [...][4]

Portanto, a primeira ordem dos anjos sagrados detém, acima de todas as outras, a característica do fogo, a profusa participação da sabedoria divina e a posse do mais alto conhecimento das iluminações divinas; e a característica dos tronos, os quais simbolizam a abertura para o acolhimento de Deus.[5]

A segunda ordem

Creio que o nome dado às dominações sagradas refere-se a certa elevação sem barreiras quanto ao que está acima, a uma liberdade em relação a tudo o que há na terra e a toda inclinação interior à servidão da discórdia, uma superioridade livre da tirania cruel, uma libertação do servilismo degradante e de tudo o que é vulgar: pois são impassíveis a qualquer contradição. São autênticas dignitárias, sempre aspirando à dignidade e à fonte da dignidade, e providencialmente moldam a si mesmas e àqueles que estão abaixo delas, tanto quanto possível, à semelhança da verdadeira dignidade. Elas não se voltam para as sombras fúteis, mas se entregam totalmente à verdadeira autoridade, sempre em harmonia com a fonte de dignidade típica de Deus.

O nome das virtudes sagradas significa certa virilidade poderosa e inabalável jorrando em todas as suas energias análogas às de Deus; não ser fraco e frágil para a recepção das Iluminações divinas a elas transmitidas; estrutura ascendente na plenitude de poder para uma assimilação com Deus; nunca se desprender da vida divina por causa de sua própria fragilidade, mas ascender firmemente à virtude quintessencial que é a fonte da virtude: moldar-se o máximo possível em virtude; voltar-se com perfeição para a fonte da virtude e afluir providencialmente na direção daqueles que estão abaixo delas, enchendo-os copiosamente de virtude.

O nome das potestades sagradas, coigual às dominações e às virtudes divinas, significa uma ordem bem organizada e irrestrita nas recepções divinas, e a regulação do poder intelectual e supramundano que nunca rebaixa sua autoridade por força tirânica, mas é irresistivelmente impelido para a frente na devida ordem para o Divino. Guiam caridosamente, tanto quanto possível, aqueles que estão abaixo delas para o poder supremo que é a fonte da potestade, que se manifesta depois à maneira dos anjos nos níveis bem ordenados de seu próprio poder peremptório.[6]

A terceira ordem

O nome dos principados celestiais se refere à sua magnificência e peremptoriedade, parecidas com as de Deus, em uma ordem que é santa e a mais adequada aos poderes principescos; ao fato de serem totalmente voltados para o Príncipe dos Príncipes, de guiarem os outros em modelos principescos e de serem formados, tanto quanto possível, à semelhança da fonte do principado, revelando sua ordem quintessencial pela boa ordem dos poderes principescos.

O coro dos arcanjos sagrados está alocado na mesma tríplice ordem que os principados celestiais; pois, como já foi dito, existe uma hierarquia e uma ordem que os incluem e aos anjos. Mas, como cada hierarquia tem categorias principais, intermediárias e finais, a santa ordem dos arcanjos, por causa de sua posição intermediária, participa nos dois extremos, juntando-se aos principados mais sagrados e aos santos anjos [...]

Pois os anjos, como dissemos, ocupam e completam o coro mais baixo de todas as hierarquias das inteligências celestiais, uma vez que são os últimos dos seres celestiais dotados de natureza angélica. E eles, de fato, são chamados por nós mais apropriadamente de anjos porque o seu coro está em contato mais direto com as coisas mundanas e manifestas.

Miguel é chamado Senhor do povo de Judá, e outros anjos são designados para outros povos [...] Há um governante de todos, e a ele os anjos que servem cada nação orientam seus seguidores [...] O faraó teve uma revelação através de visões pelo anjo que assistia aos egípcios, e o príncipe da Babilônia viveu a mesma experiência por seu próprio anjo, o poder vigilante e suprarreinante da Providência. E, para essas nações, os servos do Deus verdadeiro foram apontados como líderes, tendo sido a interpretação das visões angélicas relevada por Deus por intermédio dos anjos aos homens santos próximos dos anjos, como Daniel e José [...]

Há uma Providência quintessencialmente estabelecida acima de todos os poderes visíveis e invisíveis, e todos os anjos que governam as diferentes nações elevam para essa Providência, seja por seu próprio princípio, até onde seu poder pode alcançar, aqueles que os seguem de boa vontade.[7]

MATTHEW: Vimos anteriormente que Dionísio contou um número astronômico de anjos, mas também se empenhou em classificá-los, categorizá-los, colocá-los em grupos. Dionísio não foi o único a fazer isso. Santo Ambrósio tinha uma lista de nove tipos de anjos; São Jerônimo, sete; São Gregório, o Grande, nove; Santo Isidoro de Sevilha, nove. Moisés Maimônides, na Idade Média, tinha dez; São João Damasceno, nove; Dante tinha nove. São Tomás de Aquino seguia a classificação de Dionísio.

Parece que esses esforços para categorizar os anjos são, na verdade, esforços para nomear as nove esferas do universo. Os sete planetas e seus domínios, concebidos como esferas, além das esferas da Terra e estrelas fixas.

Isso é importante porque mostra psique e cosmo juntos. Mostra como a sabedoria antiga era cosmológica. Não era antropocêntrica e não via a alma como entidade interior ao corpo. Acredito que, descrevendo essas nove esferas, também podemos imaginá-las relacionadas ao microcosmo da pessoa humana, aos chacras. Assim, temos o macrocosmo das esferas celestiais e o microcosmo das esferas humanas. Os anjos são conectores, administradores, mensageiros que tocam e conectam o microcosmo, o ser humano, e nos integram com as esferas das forças cósmicas.

Dionísio faz afirmações bastante ecumênicas sobre os anjos designados a outras nações, como a de que eles guiaram o faraó e o príncipe da Babilônia, bem como as figuras bíblicas de Daniel e José. Ele convoca para um tipo de ecumenismo angélico quando diz que só existe uma providência, e que todos os anjos servem a ela.

RUPERT: Gosto da ideia de o microcosmo e o macrocosmo estarem relacionados, de a ordenação de nossas psiques e de nossos corpos estar relacionada com a ordenação dos Céus. A correspondência entre microcosmo e macrocosmo nos ajuda a impedir que consintamos na ideia de que os poderes celestiais não têm relação conosco, ou a evitar que caiamos na armadilha do reducionismo psicológico, considerando todas essas coisas meras projeções de arquétipos de dentro da psique humana.

Em sua um tanto confusa classificação dos anjos, Dionísio parece não saber exatamente o que dizer sobre dominações, virtudes e potestades. Ele parece buscar aspectos distintivos. O fato, mesmo, de outras pessoas terem diferentes classificações mostra que não havia uma concordância exata a esse respeito. Mas eles precisavam de hierarquias por causa da cosmologia antiga, com sua série de esferas, uma dentro da outra. Eles precisavam ligar os anjos à ordem hierárquica dos Céus tal como a compreendiam.

Nós já não pensamos mais em termos de esferas concêntricas ao redor da Terra. Pensamos em diferentes órbitas planetárias ao redor do Sol, com o Sol na galáxia e nossa galáxia dentro de um aglomerado de galáxias. Temos agora uma noção mais rica e poderosa da hierarquia celestial.

Talvez a hierarquia intermediária dos anjos – dominações, virtudes e potestades – possa ser entendida como uma escala correspondente a essa ordenação dos Céus, associada a aglomerados galácticos, galáxias e sistemas solares. Talvez os seres da primeira hierarquia – serafins, querubins e tronos – sejam princípios situados além e dentro de todos os níveis da ordenação, em todo o cosmo.

A última hierarquia – principados, arcanjos e anjos – parece estar mais preocupada com a ordenação das coisas na Terra. Seria interessante que cada nação fosse observada como tendo seu anjo, não apenas o anjo das pessoas, mas o do lugar. O anjo do Egito não era apenas o anjo dos egípcios; era o anjo da terra do Egito. Isso se ajusta à ideia, encontrada em todo o mundo antigo, de divindades tutoras, as protetoras de cada ação e de cada terra. Os romanos as reconheciam em todo o seu império: por exemplo, o espírito guardião da Bretanha era *Britannia*, até recentemente retratado nas moedas inglesas.

Os anjos que protegem as regiões da Terra correspondem, presumidamente, aos principados; mas, de modo confuso, eles parecem se sobrepor aos arcanjos nessa função. Miguel é o protetor de Israel e deveria ser um principado em vez de um arcanjo, de acordo com a classificação de Dionísio. E ainda temos os anjos que são associados às pessoas, como os anjos da guarda.

Dionísio nos apresenta um amplo esquadrinhamento dos níveis de organização. Mas é difícil compreender sua classificação. O fato de existirem tantas taxinomias angélicas mostra que havia confusão a respeito dos detalhes. Mas eles concordavam que havia muitos níveis de ordem dentro do cosmo e na Terra.

MATTHEW: Eles eram desprovidos de detalhes. Como você apontou, os exemplos de Dionísio ficam cada vez mais escassos ao longo de seu curso. Mas, como você disse, talvez nossa atual cosmologia, muito mais rica, nos dê mais oportunidades de completar os detalhes sobre os campos de organização.

Espíritos do lugar, espíritos da Terra – acredito que esse é um ponto importante; os anjos não estão preocupados apenas com as pessoas, mas com a terra propriamente dita, e com todos os seres que vivem e que já viveram sobre essa terra, incluindo os espíritos ancestrais e os animais.

Gosto da palavra *correspondência*; ela se encontra entre o microcosmo e o macrocosmo, entre o geral e o local. Uma ordenação angelical como a proposta por Dionísio nos permite pensar mais em termos de correspondência e menos em termos de uma existência circunscrita ao interior de uma caixa ou algo assim. Ela abre a mente, abre os relacionamentos.

RUPERT: E correspondências não são meras reminiscências fantásticas de uma forma de pensar pré-científica. Nós as temos na ciência moderna. Por meio dos *insights* da teoria do caos e, especialmente, por meio da geometria fractal, vemos que certos padrões se repetem em diferentes níveis. Em fractais autossimilares, os padrões ocorrem em todas as escalas, por maiores ou menores que sejam. No fluxo de fluidos, existem os mesmos tipos de padrões vorticosos de uma xícara de chá mexido, de redemoinhos, de tornados e do sistema atmosférico global. Vemos esses padrões espirais também nas galáxias. Podemos ver padrões similares em todos os níveis da natureza.

Da mesma maneira, as órbitas dos planetas ao redor do Sol em nível astronômico são refletidas nos átomos, com o núcleo como o Sol e os elétrons orbitando como os planetas. Os polos magnéticos existem em todas as escalas, do nível atômico às agulhas de bússolas e à polaridade magnética da Terra e do Sol. A ciência tem revelado muitas formas de correspondências microscópicas e macroscópicas. De um ponto de vista holístico, podemos ver correspondências na maneira como as coisas são organizadas nos diferentes níveis holárquicos da natureza.

MATTHEW: Existe algo muito interessante aqui. Se voltarmos à definição de hierarquia de Dionísio e substituirmos essa palavra por *padrão*, leremos: "O padrão é, na minha opinião, uma ordem sagrada, um saber e uma ação [...]"

Eu me pergunto se padrão não seria uma denominação mais apropriada e contemporânea para hierarquia. Falamos sobre uma holarquia, sobre níveis aninhados da totalidade, e totalidade envolve padrão. O padrão, de alguma forma, diz mais respeito a um campo específico, enquanto a holarquia é a síntese de tudo. Pegue um ovo em desenvolvimento: existem padrões de formação em andamento dentro dele. E, como você disse, padrões correspondentes são encontrados no microcosmo e no macrocosmo, em padrões vorticosos de uma xícara de chá e em tempestades no Sol.

Por que estamos em uma busca por padrões? Talvez seja isso que a mente faz. Ou ela cria padrões ou os descobre. Por qualquer razão, a mente procura padrões. É interessante a afirmação de Erich Jantsch de que "Deus é a mente do universo", e que a mente evolui. Seria o mesmo que dizer que Deus é o padrão do universo, a mente por trás do padrão? Nossa busca por comunhão com o divino é uma busca por comunhão com o padrão das coisas. Por isso, há uma grande alegria e um grande êxtase em encontrar padrões. Quer os encontremos por meio da ciência, quer por meio da contemplação, os padrões nos encantam. O que é uma peça musical, o que é uma dança? Toda arte não é, de alguma forma, um padrão? Talvez toda a criatividade seja uma expressão de um padrão. O próprio caos, como estamos aprendendo, se diferencia da ordem apenas porque tem um padrão mais sutil.

RUPERT: O padrão claramente tem a ver com forma e ordem, e isso é algo que os campos dão à natureza. Os campos dão forma, ordem e padrão às coisas. Podemos dizer que o aspecto padronizado do divino, refletido na natureza, corresponde ao princípio do Logos na Santíssima Trindade. Essa ação padronizada é como Dionísio entende a maneira como os querubins se dão a conhecer: tem a ver com conhecimento, sabedoria e ordem. Os serafins têm a ver com luz e candência, com energia. São, assim, os transmissores do aspecto dinâmico da Santíssima Trindade, do Espírito Santo, correspondendo ao vento, à respiração, à vida, à luz, ao movimento e à inspiração.

Na ciência moderna, temos campos, que fornecem padrões; e energia, que provê realidade, movimento e ação. Dionísio vê os querubins como a face dos padrões e da sabedoria, e os serafins como a face do ardor e da incandescência dos princípios fundamentais subjacentes ao mundo manifestado.

MATTHEW: É interessante que os serafins venham em primeiro lugar, o Eros, o fogo, a energia. Isso corresponde ao primeiro chacra. E também verificamos isso na primeira história do Gênesis: o princípio da ordenação se realiza depois de já haver energia fluindo, desordem. À luz do que você está falando, é interessante analisar novamente como ele descreve os serafins em termos de "sua eterna e incessante rotação [...] calor e vivacidade, a exuberância de sua atividade intensa, perpétua e incansável [...] inflamando [...] poder inextinguível, imutável, radiante e iluminador, dissipam e destroem as sombras da escuridão".

Esta é uma descrição incrível da energia, não é? Mas é interessante que a sabedoria na tradição judaica não seja identificada apenas com o Logos; na verdade, é bem diferente dele. É Eros. Como diz o Livro da Sabedoria: "Isso é sabedoria, amar a vida". Não apenas conhecê-la, mas amá-la.

A sabedoria concilia Logos e Eros, o padrão e a energia. Por si mesmo, Logos pode se tornar conhecimento, mas, juntos, creio que possam produzir sabedoria.

Luz e fogo

Há, portanto, uma fonte de luz para tudo o que é iluminado, ou seja, Deus, que por sua natureza é verdadeira e corretamente a essência da luz, e a causa de ser e da visão. Mas está disposto que, na imitação de Deus, cada uma das categorias mais altas de seres é a fonte contínua para aquela que a segue; desde que os raios divinos sejam passados através dela às outras. Por essa razão, os seres de todas as categorias angélicas consideram, naturalmente, a ordem mais alta das inteligências celestiais como a fonte, depois de Deus, de todo o conhecimento sagrado e imitação de Deus, porque, por meio dela, a luz do Deus supremo é concedida a todos e a nós. A partir dessa explicação, em imitação de Deus, eles atribuem todos os trabalhos sagrados a Ele, como a causa suprema, e às primeiras inteligências divinas, como os primeiros reguladores e transmissores das energias divinas.

As ordens inferiores de seres celestiais também participam desses poderes ardentes, sábios e receptivos a Deus, mas em um nível mais baixo; e, voltando-se àqueles mais abaixo deles, tidos como merecedores da imitação primária de Deus, os eleva, tanto quanto possível, à semelhança de Deus [...][8]

Devemos perguntar, na primeira explicação das formas, por que a Palavra de Deus prefere o símbolo sagrado do fogo a quase todos os outros. Pois você verá que ele é usado não apenas sob a figura de rodas de fogo, mas de criaturas de fogo, e de homens que cintilam como relâmpagos que empilham brasas vivas, e de irresistíveis rios de chamas. A Palavra também diz que os tronos são de fogo, e mostra, por meio do nome deles, que os próprios serafins mais exaltados estão ardendo em brasas, designando-lhes qualidades e forças do fogo; e, por isso, de cima a baixo, dá maior preferência ao símbolo do fogo.

Assim, acredito que essa imagem do fogo mostra a perfeita conformidade de Deus com as inteligências celestiais, pois os profetas sagrados frequentemente relacionam aquilo que é quintessencial e informe ao fogo, o qual (se posso dizer isso legitimamente) guarda muitas semelhanças em relação às coisas visíveis para a realidade divina. O fogo sensato está, de alguma forma, em tudo, e permeia todas as coisas sem se misturar com elas, é livre de todas as coisas e, apesar de completamente brilhante, continua essencialmente escondido e desconhecido quando não está em contato com qualquer substância na qual possa manifestar sua própria energia. É irresistível e invisível, tendo absoluto controle sobre todas as coisas, trazendo sob seu próprio poder todas as coisas nas quais subsiste. Tem um poder transformador e se doa, até certo ponto, a tudo que está próximo dele. Aviva todas as coisas com seu calor revigorante e as ilumina com sua clareza resplandecente. É insuperável e puro, possui poder partitivo, mas é constante, edificante, penetrante, alto, não limitado por qualquer torpeza servil, sempre em movimento, autoestimulado, movimentando outras coisas. Compreende, mas é incompreensível, robusto, propagando misteriosamente a si mesmo e mostrando sua majestade de acordo com a natureza da substância que o recebe, poderoso, pujante, invisivelmente presente em todas as coisas. Quando não se pensa nele, parece não existir, mas, de repente, acende sua luz da maneira que mais convém à sua natureza antagônica, como se procurasse se mostrar, lançando-se irrefreavelmente para cima, sem diminuir seu desprendimento bendito.

Assim, podem ser encontradas muitas propriedades do fogo que simbolizem as atividades divinas por meio de imagens sensíveis. Sabendo disso, aqueles que conhecem as coisas de Deus têm retratado os seres celestiais sob a figura do fogo, proclamando assim sua semelhança com o Divino e a imitação dele, na medida de seu poder.[9]

Devemos agora considerar as representações dos seres celestiais em relação a rios, rodas e carruagens. Os rios de chamas denotam aqueles canais divinos que os enchem com correntezas superabundantes e eternamente fluentes e nutrem sua revigorante proliferação.

As carruagens simbolizam a confraternidade daqueles da mesma ordem; as rodas aladas, movendo-se sempre adiante, nunca voltando atrás nem se desviando, denotam o poder de sua energia progressiva sobre um caminho justo e direto, no qual todas as suas revoluções intelectuais são supramundanamente guiadas por esse curso reto e constante.[10]

RUPERT: Essas são lindas passagens sobre a natureza primeira da luz e do fogo e sobre a importância da luz e do fogo como imagens divinas na Bíblia e na tradição. A mesma imagem surge sob diferentes formas. Na tradição hindu, Shiva, como criador e destruidor, é retratado como Nataraja dançando em um círculo de fogo. A imagem do fogo como elemento unificador, transformador e também destruidor é primária, encontrada em todas as partes do mundo. Todos nós dependemos do Sol, que é fogo, e todas as culturas humanas dependem da domesticação do fogo. O uso do fogo é único para os seres humanos. O fogo tem desempenhado um papel central em nos fazer humanos, e fornece uma poderosa fonte de imagens para todas as pessoas em todas as partes.

Esse papel central do fogo é expresso de forma extraordinariamente clara e bonita nessas passagens. Os serafins, os flamejantes, vêm primeiro. E, na história da criação do Gênesis, o primeiro ato criativo de Deus é dizer "Faça-se a luz", e a separação entre luz e escuridão foi feita.

As imagens da luz e do fogo primordiais, para Dionísio, são análogas às de muitas culturas e, na verdade, às da própria ciência moderna. Quando as pessoas tentam descrever esse principal evento criativo, elas costumam usar o nome Big Bang, uma explosão original do mais intenso calor concebível, ou usam frases como "a bola de fogo primordial". A cosmogonia moderna começa com esse calor ou fogo inconcebível, a partir do qual tudo passa a existir.

Na passagem sobre rios, rodas e carruagens, Dionísio fala sobre "rodas aladas, sempre se movendo adiante". Essa imagem nos dá uma combinação de movimento linear e movimento cíclico. Matematicamente, essa combinação de movimento para diante e ciclos é representada em equações de ondas. A física de ondas, na qual quase toda a física moderna está fundamentada, é baseada na matemática da rotação – da roda. A onda senoidal é obtida quando estiramos um modelo algébrico de rotação da roda.

MATTHEW: Os chacras são representados por rodas em rotação, e, no Ocidente e no Oriente, os chacras correspondem às esferas celestes. O primeiro chacra é o chacra de fogo, que, como você salientou, é oscilante e vibratório. Mas ele também é a semente de Kundalini, o fogo que acende uma chama em todos os outros pontos de chacras.

É significativa a maneira como as outras tradições celebram o fogo, e está claro que o fogo é muito importante para a visão de mundo de Dionísio. Ele fala sobre a recepção da "fonte de luz", "o raio da divindade suprema" pelo qual estamos misticamente tomados. Frequentemente, ele identifica a experiência da beleza com a experiência da luz.

Acredito que parte de sua preferência por essa imagem do fogo e da luz possa ter vindo do tempo em que ele viveu no deserto. Ele foi um monge do deserto sírio, por isso deve ter aprendido a conviver com o fogo e a luz diariamente.

Ele fala da radiância divina, de recebermos a luz e da essência da divindade como luz. Existe uma fonte de luz para tudo o que é iluminado. É óbvio que a palavra *iluminação*, isoladamente, não se restringe ao Ocidente ou ao Oriente Médio, mas também corresponde a uma ideia budista, o avanço na direção da luz.

Ele diz que participamos do raio divino. Isso novamente me remete à tradição hebraica do *shekinah*, que é radiância: o fogo divino, a presença do fogo, Moisés experienciando Deus por meio da sarça ardente, e o fogo que acompanhou o povo de Israel na travessia do deserto. Dionísio diz que, nas Escrituras, "a Palavra de

Deus prefere o símbolo do fogo sagrado acima de quase todos os outros [...] essa imagem do fogo demonstra a perfeita conformidade de Deus com as inteligências celestiais".

Ele realmente relaciona ao fogo as ondas e os fótons quando diz que o fogo está "de alguma forma em tudo, e permeia todas as coisas sem se misturar com elas". É interessante que o fogo não se revele; é "livre de todas as coisas e, apesar de completamente brilhante, continua essencialmente escondido e desconhecido [...] irresistível e invisível". Ele aquece, renova, ilumina, transforma e compreende. "Parece não existir, mas, de repente, acende sua luz." Penso em um fogo que parece se apagar e, colocado um pouco de papel sobre ele, volta à vida novamente. É por isso que ele diz que as pessoas sábias "têm retratado os seres celestiais sob a figura do fogo" – porque o fogo é uma das metáforas mais ricas para a própria divindade.

Poderíamos falar sobre o fogo em cada um dos chacras, pois existe um elemento fogo em todos eles: o fogo sexual no segundo chacra; o fogo zangado, a paixão da ira, no terceiro chacra; o fogo do calor no coração que enternece – "o primeiro amor verdadeiro é comovente", como Aquino diz; o fogo da garganta, a voz profética que fala abertamente; o fogo da intuição, da iluminação e da criatividade no terceiro olho. E o fogo do chacra superior, o chacra coronário, que se liga a todos os outros fogos no universo, incluindo os fogos angelicais, os seres celestiais.

RUPERT: Enquanto Dionísio fala sobre o fogo escondido em todas as coisas, a ciência fala sobre energia. Existe calor em todas as coisas, e é apenas no zero absoluto, no limite teórico, que essa energia vibratória termal cessa. Mas, mesmo assim, ainda existe a energia escondida que mantém unidos os elos químicos, e a energia que é combinada na matéria atômica e subatômica, que é ligada na matéria pelos campos.

Como disse o físico quântico David Bohm: "A matéria é luz congelada". A energia da luz pode ficar presa na forma material, na natureza vibratória dos átomos e das partículas subatômicas. E a matéria pode emanar luz novamente. No papel que se queima, por exemplo, a energia liberada veio originalmente do Sol, ficou presa nas folhas das árvores por meio da fotossíntese e permaneceu escondida na madeira.

Os princípios da termodinâmica, anunciados no século XIX, representam um notável *insight* unificante da ciência. Eles mostram que todas as formas de energia podem ser transformadas em outras, e que na essência de tudo está a energia. A forma mais visível e explícita de energia é o fogo, mas a energia está escondida em todas as coisas. A fonte primordial de toda essa energia, de acordo com a cosmologia moderna, é a bola de fogo original por meio da qual o universo nasceu.

MATTHEW: É interessante que um dos maiores pecados do espírito seja a inércia. O que é a inércia? Falta de energia, falta de fogo. E Hildegarda de Bingen diz: "Por que você vive sem paixão? Por que vive sem fogo?". Em outras palavras, onde está o fogo?

Pentecostes, uma superação do espírito, remete novamente à imagem do fogo. O fogo que enternece, o fogo que inspira, o fogo que transforma. Como você diz, o fogo é um evento cotidiano porque a fotossíntese é literalmente o processo de converter luz em alimento. Por isso comemos fogo quando nos alimentamos.

Eu me lembro de quando meu cachorro morreu. Só de aproximar minha mão de seu corpo, soube que não era ele, porque o calor o havia deixado. Vida e calor andam juntos.

Certa vez, orei em uma *kiva* com um índio hopi, e conversamos sobre orar com serpentes venenosas. Perguntei a ele: "Quando você captura uma cobra e começa a orar com ela, ela não fica nervosa? Ele disse: "Sim, mas eu canto para ela. A cobra é muito sensível ao frio e ao calor, sendo um réptil, e ela apreende o calor da canção e se acalma rapidamente". A ideia de que música e zelo podem produzir calor é outra fonte geradora de fogo e de energia. Talvez seja potencialmente tão poderosa quanto a fotossíntese. Mas ainda não descobrimos como liberar nosso calor.

E Hildegarda diz: "Nenhum calor está perdido no universo".

Anjos como deuses

> Você descobrirá, além disso, que a Palavra de Deus não apenas chama de deuses esses seres celestiais acima de nós, mas também confere esse mesmo nome aos homens santos que vivem entre nós, e àqueles homens que, no mais alto grau, amam a Deus; ainda que o Deus primeiro e não manifestado transcenda quintessencialmente todas as coisas, está entronizado acima de tudo, e por isso nenhum dos seres ou coisas que existem pode verdadeiramente afirmar ser totalmente como ele, exceto se aqueles seres intelectuais e racionais que estão totalmente voltados para a união com Ele, dentro dos limites de seu poder, e que, elevando-se perpetuamente a si próprios com todos os seus poderes, na medida do possível, à radiância divina, na imitação de Deus (se for lícito assim dizer), sejam considerados merecedores desse mesmo nome divino.[11]

RUPERT: A ideia dos seres celestiais como deuses permite que os anjos no cristianismo, no islamismo e no judaísmo sejam relacionados aos *devas* do hinduísmo, conhecidos como "os reluzentes", e aos deuses de muitas outras religiões. Dionísio reconheceu explicitamente os deuses protetores do Egito e da Babilônia como angélicos (p. 66).

Os deuses das religiões politeístas são assimilados no monoteísmo como seres tratados como anjos. Se os muitos deuses são reconhecidos como submetidos a um Deus supremo, podem ser aceitos como intermediários divinos e como forças divinas. A diferença entre monoteísmo e politeísmo, à primeira vista tão rígida, é abrandada e modificada pelo reconhecimento dos anjos.

MATTHEW: Isso é muito interessante. Certamente mostra uma profunda atitude ecumênica por parte de Dionísio, e um verdadeiro assombro se a aceitação dos seres celestiais como deuses pudesse ser também aplicada aos seres celestiais como deusas, uma abertura às divindades femininas, além das masculinas.

Em Coríntios (1Cor 8,5), há uma declaração um tanto incomum e inesperada de São Paulo, que confirma o que você disse: "É verdade que existem aqueles que são chamados deuses, tanto no Céu como na Terra, e, neste sentido, há muitos deuses e muitos senhores. Contudo, para nós existe um só Deus: o Pai. Dele tudo procede, e para ele é que existimos. E há um só Senhor, Jesus Cristo, por quem tudo existe e por meio do qual também nós existimos".

Essa passagem é muito semelhante àquelas do Cristo Cósmico em todo o Novo Testamento, acerca de Cristo ter poder sobre os anjos, arcanjos, tronos e dominações. São Paulo cria um imenso espaço para forças e poderes invisíveis, mas também determina não haver necessidade de ficarmos inquietos em relação a esses poderes, porque o Cristo, representando Deus, o Criador, tem poder sobre todos eles. Parte da boa notícia é que o cosmo no qual estamos imersos é essencialmente um lugar amistoso, porque Deus, o Criador, e o Cristo dão a última palavra sobre o que esses deuses ou anjos devem se ocupar em fazer.

É impressionante que Dionísio diga nessa passagem que existem seres tentando imitar Deus, os quais julgam ser merecedores do mesmo nome divino. Ele também usa o termo "divinização". O que o Ocidente chama de nossa santificação o Oriente chama de nossa divinização: tem a ver com a natureza de Cristo, a natureza de Deus, em todos nós. É uma pena os teólogos ocidentais raramente usarem o termo ou, mesmo, o conceito. Mestre Eckhart, porém, é uma exceção a essa regra.

Anjos na natureza

> A plenitude do infinito poder de Deus preenche todas as coisas em medida rítmica harmoniosa [...] Dele advêm os poderes das ordens angélicas, semelhantes aos de Deus; a partir dele, os anjos exercem sua condição imutável e todas as suas perpétuas atividades intelectuais e imortais; sua própria estabilidade e interminável aspiração para o bem eles recebem daquele poder infinitamente bom que lhes concede seu poder, seu ser, sua aspiração perpétua do Ser, e o poder de aspirar àquele poder incessante.
>
> É desse poder contínuo que os homens, os animais, as plantas e a natureza toda do universo são preenchidos; ele dispõe as naturezas unificadas para a harmonia e a comunhão mútuas, e concede a cada criatura individual o poder de ser conforme sua própria razão ou forma particular, diferente dos outros, e não misturada com eles. E guia com propriedade as leis do universo e as atividades a elas relacionadas; e conserva as vidas imortais dos anjos invioladas; e mantém as substâncias celestes, brilhantes e estreladas inalteradas em suas próprias ordens; e brinda com a eternidade a força que se manifesta e que distingue os ciclos do tempo em seu princípio e que os une em seu termo; e torna os poderes do fogo inextinguíveis e o fluxo da água inexaurível. Estabelece um limite para o ar fluido,

fixa a Terra sobre o vácuo e mantém seu esforço imperecível e vivificante. Preserva a harmonia mútua dos elementos que, embora misturados, são inconfundíveis, além de inseparáveis, e cria rapidamente o elo que une alma e corpo. Acelera as forças de crescimento e nutrição nas plantas, sustenta os poderes essenciais do todo, protege a estabilidade do universo da dissolução e concede, inclusive, a própria deificação ao conferir tal capacidade àqueles que estão sendo divinizados. Em suma, não existe uma única coisa em todo o universo que escape do abraço onipotente e da proteção do poder divino. Pois aquilo que não tem poder algum não tem existência, nem qualidades, nem qualquer lugar no universo.[12]

O nome "ventos", dado aos anjos, denota suas rápidas ações e sua quase imediata interpenetrabilidade a tudo; e um poder de transmissão por todos os reinos, alcançando de cima a baixo, das profundezas às alturas; e o poder que eleva as segundas naturezas para uma altura acima da delas, e conduz a primeira a uma elevação participativa e providencial da mais baixa.

Mas, talvez, devamos dizer que o nome ventos, aplicado ao espírito etéreo, significa a semelhança divina nos seres celestiais. Pois essa figura é uma imagem e uma forma autênticas de energia divina, correspondentes às forças geradoras e dinâmicas da Natureza; um avanço rápido e irresistível; o mistério desconhecido e invisível para nós; a origem dos princípios e dos fins, pois ele diz: "Não sabes de onde eles vêm nem para onde eles vão". As Escrituras também os descrevem como uma nuvem, mostrando com isso que essas inteligências sagradas são preenchidas de modo supramundano com a luz oculta, recebendo essa primeira revelação sem glorificação excessiva, e transmitindo-a com brilho abundante para as ordens mais baixas como uma iluminação proporcional e secundária; e mostrando, além disso, que eles possuem poderes criadores, vitalizantes, crescentes e perfeitos em virtude de seus jorros inteligíveis, como aguaceiros agitando o útero receptivo da terra com chuvas fertilizantes para labores de vitalização [...][13]

Vamos passar para o desdobramento sagrado do simbolismo que descreve as inteligências celestiais em semelhança às bestas. A forma de um leão deve ser vista como representando seu poder de soberania, sua força e sua irredutibilidade, e o esforço intenso e ascendente com todos os seus poderes na direção daquela unidade divina mais escondida, inefável e misteriosa [...]

A figura do boi significa força, vigor e a abertura do sulco intelectual à recepção das chuvas fertilizantes; e os chifres significam a proteção e o poder inconquistável. A forma da águia significa realeza, alta elevação, rapidez de voo e avidez por tomar o alimento que renova sua força, sua discrição, sua facilidade de movimento e sua habilidade, com forte intensidade de visão que tem o poder de fitar sem impedimentos, diretamente e sem covardia, acima do esplendor total e brilhante da resplandescência do Sol divino.

O simbolismo dos cavalos representa a obediência e a afabilidade. Os cavalos brancos reluzentes denotam a verdade clara e aquilo que é perfeitamente assimilado para a luz divina; os negros, aquilo que é oculto e secreto; os rubros, poder e energia; os malhados em branco e preto, aquele poder que atravessa tudo e une os extremos, ligando providencialmente e com poder perfeito o mais alto ao mais baixo e o mais baixo ao mais alto.

    Se não tivéssemos de pensar na duração de nosso discurso, poderíamos melhor descrever as relações simbólicas das já mencionadas características particulares dos animais e todas as suas formas corporais com os poderes das inteligências celestiais conforme similitudes dessemelhantes: por exemplo, sua fúria irada representa um poder intelectual de resistência do qual a raiva é o reflexo final e mais tênue; seu desejo simboliza o amor divino. Em suma, podemos encontrar em todas as tendências irracionais e em muitos aspectos das criaturas irracionais, figuras de conceitos não materiais e poderes singulares dos seres celestes.[14]

MATTHEW: Nessa passagem, notamos uma redenção da palavra "poder". As ordens angélicas recebem seus poderes similares aos de Deus, incluindo sua aspiração à bondade, de um poder infinitamente bom. Dionísio celebra o poder das criaturas celestiais em aspirar àquele poder incessante.

    Mas esse poder não se limita aos anjos. É o mesmo poder que flui nos homens, nos animais, nas plantas e na "natureza toda do universo". Todas as coisas estão tomadas por esse poder contínuo. É interessante que todos os seres, incluindo os anjos, participem dessa mesma energia ou poder. Desse ponto de vista, não somos diferentes dos anjos. Dionísio apresenta a imagem do poder como um abraço maternal – aquele que transmite grande segurança. "Não existe uma única coisa em todo o universo que escape do abraço onipotente e da proteção do poder divino".

    O universo está repleto de poder. Todo vento é um poder, vindo de todas as direções. Todos os seres dividem os poderes angélicos, e os anjos penetram em tudo. Gosto da frase "alcançando de cima a baixo, das profundezas às alturas". E os anjos possuem poderes de criação e de vitalização. Dionísio vê poderes em todos os lugares da natureza nos quais os anjos atuam, inclusive nas características dos animais, como fúria e raiva. Isso é interessante porque, em outro lugar, ele insiste na intelectualização desses espíritos não materiais. Aqui ele parece estar atribuindo raiva, resistência e desejo – em outras palavras, paixões – aos anjos.

Parece que, para Dionísio, a natureza e os anjos se unem no nível do poder. Talvez tenhamos outros nomes para isso, como energia ou força. Mas ele tem um grande senso cósmico da onipresença do poder divino expresso ele próprio por meio dos anjos e de todas as outras criaturas. O poder divino atua em todos esses campos. É um poder único, mas age sob diferentes formas, incluindo as espécies angélicas.

RUPERT: Sim. E ele parece inferir que cada tipo de organização na natureza, incluindo a luz, o fogo, o vento e a vida dos animais, é cingida pela consciência; não uma consciência divina indistinta ou transcendente, mas uma consciência diferenciada, apropriada para cada tipo de organização.

A natureza está organizada em campos, e esses campos são os reinos da atividade que une e ordena a energia ou o poder. Se o poder divino flui por e para todas as coisas, se é a energia de tudo, e se é canalizado por meio dos anjos, então os campos que possibilitam a esse poder assumir suas formas diferenciadas estão associados à consciência e à inteligência. Os anjos são a consciência dos campos operando em todos os níveis da natureza, como no fluxo dos ventos e nos poderes dos seres vivos, como os animais. Os poderes criadores da natureza estão associados à inteligência.

Dionísio nos oferece uma imagem da natureza viva permeada pela inteligência diferenciada, pela consciência, participando no ser divino.

MATTHEW: Você diria que isso é animismo?

RUPERT: Mais que animismo. O animismo diz que a natureza está viva e que todos os seres vivos são permeados por almas. Mas as almas não precisam ser necessariamente conscientes. A alma de uma planta, e mesmo a psique vegetativa que organiza o crescimento de um embrião humano, não são necessariamente conscientes. A maioria das atividades da alma e da psique é inconsciente ou corriqueira. Até mesmo em nosso caso, a maior parte de nossa psique não age conscientemente.

O que Dionísio está dizendo vai além do animismo. Ele não diz simplesmente que toda a natureza está viva e que há almas animadas por toda a natureza. Se pensarmos em termos de campos em vez de almas, as suas ideias demonstram não apenas que todas as coisas têm poder ou energia organizados em campos, mas que participam da consciência e da inteligência por meio dos anjos e, certamente, por meio dos anjos participam da natureza divina. A energia e o poder deles também são participações na natureza divina, mediados pelas hierarquias angélicas não como uma comunicação inconsciente de força, mas sempre guiados pela inteligência.

Acredito que essa visão seja particularmente relevante no contexto moderno, até mais do que na época de Dionísio, quando a natureza era tida como fixa – as espécies de animais não mudavam; não havia evolução na natureza.

Agora, vemos tudo em um contexto evolucionário. As inteligências associadas com todos os níveis de organização poderiam ser vistas como desempenhando um papel criativo ou orientador no processo evolucionário.

MATTHEW: Eu diria que isso requer mais inteligência para dar continuidade à criação como um processo do que para simplesmente fazê-la acontecer de uma só vez.

RUPERT: Então essas ideias sobre inteligências angélicas assumem uma nova e extraordinária relevância à luz da cosmologia evolucionária.

MATTHEW: Isso lembra o que Erich Jantsch disse: "Deus é a mente do universo, que expande e cria sistemas auto-organizadores ou campos". Isso ressalta a imanência da mente e do propósito divinos e, consequentemente, do amor, dentro de muitos, muitos campos no quais vivemos, agimos e conservamos nossa existência.

São Tomás de Aquino

São Tomás de Aquino (1225-1274) é reconhecido como um gênio intelectual cujo poder de síntese teológica se equiparava à sua profundeza de alma e de sentimentos. Aos 5 anos de idade, foi enviado por sua família para viver na abadia beneditina de Monte Cassino, na esperança de que futuramente viesse a se tornar abade. Ele decepcionou os parentes ao ingressar na Universidade de Nápoles ainda adolescente e demonstrar interesse em se ordenar dominicano. Por fim, esse sonho se concretizou e, após estudar com Alberto, o Grande, em Colônia, tornou-se mestre em Teologia, na Universidade de Paris.

A quantidade e a qualidade de seus escritos são enormes, contidos em 26 volumes enciclopédicos que registram sua tentativa de reinterpretar o cristianismo à luz da nova cosmologia de sua era, aquela apreendida de Aristóteles, o filósofo grego do século V a.C. Isso causou polêmica tanto entre os fundamentalistas da Igreja, de inspiração agostiniana, como entre os aristotélicos progressistas, que buscavam uma versão ateísta de Aristóteles. Assim, a vida de São Tomás de Aquino foi marcada por imensa luta e controvérsia, e culminou com o último ano de sua existência passado em silêncio. A única coisa que disse foi: "Tudo o que escrevi é palha".

São Tomás de Aquino sintetiza séculos do pensamento tradicional sobre os anjos, ao mesmo tempo que contribuiu com novas linhas de questões e *insights* para o tópico da angelologia. Sua influência na história da teologia tem sido enorme, e um dos epítetos com o qual tem sido designado é o de *Doctor Angelicus*, ou Doutor Angélico.

Anjos e o cosmo

> O mundo corpóreo é inteiramente governado por Deus por meio dos anjos.[1] Os anjos são parte do universo no sentido de não constituírem um universo por si mesmos, mas por se combinarem com a criação física para formar um mundo único, total. Isso, de qualquer modo, parece uma inferência provável da relação de criatura para criatura. Porque o bem total do universo consiste do inter-relacionamento das coisas, e nenhuma parte é completa e perfeita separada do todo.[2]

RUPERT: São Tomás de Aquino oferece uma visão de universo regido pela inteligência e pela consciência; uma imagem muito diferente daquela retratada pela ciência mecânica, de um mundo inconsciente e inanimado.

MATTHEW: E ele enfatiza a onipresença dos anjos – os anjos estão em todas as partes, onde quer que haja governo providencial a ser exercido. Isso quer dizer que os anjos podem agir em situações corriqueiras e de caráter individual, como na tradição dos anjos da guarda, ou na escala das nações, dos continentes, dos planetas, dos sistemas solar e galáctico.

RUPERT: Nesse contexto, nossa compreensão moderna do cosmo como um sistema evolucionário implicaria assumir que todo o processo evolucionário é governado pelos anjos. Isso iria muito além da ideia em voga na época de Aquino, de que, no princípio, Deus criou tudo com os anjos e que, a partir de então, os anjos governaram o que passou a existir. Agora, adotamos a ideia de um processo criativo construído ao longo da história do universo, e que continua até hoje.

Temos também um senso de vastidão do cosmo muito mais abrangente, com bilhões de galáxias e trilhões de estrelas. Por isso, a afirmação "o bem total do universo consiste do inter-relacionamento das coisas, e nenhuma parte é completa e perfeita separada do todo" confere nova dimensão, em um contexto moderno, à esfera de ação, à atividade e ao poder dos anjos, ampliando-os imensamente.

MATTHEW: E dá nova relevância a esta maravilhosa afirmação sobre a interconectividade e o inter-relacionamento por todo o universo: a de que os anjos não estão sozinhos, organizando coisas ou envoltos em glória, mas que pertencem a uma comunidade maior. Existe um mundo único, total, um cosmo, uma comunidade da qual eles fazem parte.

Essa cosmologia ajuda a explicar por que os anjos eram ridicularizados na era das máquinas, quando o princípio do inter-relacionamento não era admitido. Agora, graças à ideia de um universo fundado no inter-relacionamento de todas as coisas, existe um verdadeiro lugar para os anjos. E a consciência entre os anjos inclui não apenas desvelo e conhecimento, mas também o amor. Se os anjos estão por toda parte, então a vontade e a presença amorosa também estão.

Alegria e totalidade

> Uma coisa pode ser útil [...] como uma parte em um todo; e é dessa maneira que os serviços prestados pelos anjos abençoados são úteis a eles; são uma parte de sua própria alegria, pois compartilhar com outros a própria plenitude é a verdadeira natureza do ser pleno.[3]

MATTHEW: Os anjos não são apenas abelhinhas ocupadas desempenhando alguma tarefa no universo. Eles estão envolvidos nesse maravilhoso processo criativo de desvelamento do universo, desde a bola de fogo até a existência de 1 trilhão de galáxias em expansão. Então é possível imaginar como sua inteligência e criatividade são desafiadas no cumprimento desse glorioso trabalho de ser instrumentos da providência para ajudar e socorrer na elucidação do universo em sua imensa complexidade e simplicidade.

E os anjos se regozijam por isso. Nós também nos alegramos em expressar ordem dentro do caos, fazendo com que a beleza e a glória das coisas realmente se expressem. Compartilhar a própria alegria é uma das maiores felicidades de viver.

RUPERT: O processo criativo na natureza é sempre de criação de novas formas, novos padrões que carregam uma totalidade inerente. O processo criativo implica saltos para novos níveis de síntese; ele não gera uma meia-galáxia, um meio-sol ou uma meia-ideia. Aqui existe uma conexão entre totalidade e plenitude, que é fonte da alegria.

MATTHEW: E é exatamente isso que Aquino exprime nessa passagem; ele fala sobre ser parte do todo. E, como parte do todo, o serviço prestado pelos anjos é útil para eles e os alegra. Cosmologia e comunhão caminham juntas. Trabalhamos para fazer parte de um todo.

Os anjos fazem parte do grande trabalho de desvelamento do universo. Sob esta perspectiva, podem levar os seres humanos a uma importante pergunta: somos parte do grande trabalho? Estamos conectados ao todo?

Os anjos e os Céus

> O lugar dos anjos na escala do ser espiritual corresponde àquele dos corpos celestes no mundo corpóreo; assim Dionísio os chama de mentes celestes.[4] Isaías fala sobre um exército de maravilhas celestiais como os Céus, as estrelas e os anjos.[5]

RUPERT: Aqui, Aquino deixa explícita a conexão dos anjos com os Céus, a natureza celeste dos anjos. Nos últimos anos, boa parte da literatura e das discussões a respeito dos anjos tem abordado os anjos da guarda, que nos ajudam e nos guiam. Mas esses guardiões dos seres humanos são uma pequena parte da inteligência criativa no cosmos, se levarmos em conta o papel dos anjos nas galáxias, nas estrelas e no processo inteiro de evolução cósmica. Se folhearmos os livros mais recentes a respeito dos anjos auxiliadores, poderemos facilmente esquecer que estamos lidando com ordens de seres de vasto campo de ação e importância cosmológica.

MATTHEW: Sim, faz parte da arrogância humana pensar que o único trabalho dos anjos é sentar em nossos ombros ou guiar nossos filhos.

As pessoas que pensam a religião de modo dualista geralmente consideram o Céu um outro lugar para onde se vai após a morte. Mas o que está sendo integrado aqui é o mistério e a vastidão do próprio universo; os anjos têm um papel de governança neste vasto templo onde vivemos, o templo do espírito, que é o universo propriamente dito.

RUPERT: A própria ciência moderna está baseada na ideia de que o universo é governado por princípios invisíveis, as leis da natureza. Essas leis são essencialmente intelectuais porque as equações matemáticas são coisas que existem no pensamento. Elas não são coisas físicas que encontramos no mundo. Não podemos olhar por um microscópio de elétrons e ver a equação de Schrödinger entre as moléculas, ou olhar por um telescópio e ver as equações de Einstein escritas no céu. São princípios governantes invisíveis. No entanto, são concebidos sob um senso extremamente limitado e não criativo, como equações matemáticas abstratas, e não como pensamento vivo com poder criativo. Presume-se que a criatividade faça parte do processo evolucionário por conta do acaso.

MATTHEW: Essas leis são essencialmente incorpóreas, não são?

RUPERT: Completamente. A ideia de que o universo é governado por uma inteligência incorpórea é a visão moderna padrão; acontece que temos desenvolvido uma versão extremamente árida, limitada e estreita dela.

MATTHEW: Sem amor e sem alegria.

RUPERT: Sim. Na medida em que as pessoas acreditam que as equações matemáticas são a verdade mais pura, isso torna-se uma forma de idolatria. Tratam modelos matemáticos artificiais como a realidade suprema.

Em um universo em desenvolvimento, parece-me que a ideia de inteligências criativas através do cosmo faz muito mais sentido do que uma coleção de equações matemáticas abstratas espaço e tempo afora, onde a criatividade propriamente dita é apenas uma questão de acaso.

Intuição angélica

É por isso que os anjos são chamados de seres intelectuais, seres que compreendem, pois, mesmo em nosso caso, dizemos que vemos intelectualmente as coisas que compreendemos de forma imediata, damos o nome de compreensão à nossa capacidade habitual latente de intuir os primeiros princípios [...] Se nossas almas humanas fossem dotadas da abundância angélica de luz intelectual, assim que intuíssemos os primeiros princípios entenderíamos todas as suas consequências; saberíamos intuitivamente tudo o que o raciocínio pode deles deduzir [...][6] Nós, humanos, temos uma luz intelectual diminuta em nossas almas, mas essa luz manifesta-se em sua máxima potência em um anjo, que, como disse Dionísio, é um espelho puro e brilhante.[7]

MATTHEW: Aquino está dizendo que os anjos são especialistas em intuição; eles veem as coisas diretamente, com uma compreensão pura que o filósofo identifica com a luz. Esta pode ser uma das razões pelas quais os anjos são tão associados à luz; é a luz do conhecimento e da verdade. Usamos a frase "Acender a luz" – estamos no escuro e, então, uma luz se acende. Aquino está dizendo que, para os anjos, com efeito, a luz está sempre acesa; eles sempre percebem as conexões básicas entre as coisas facilmente.

Em outra ocasião, Aquino enfatiza que, enquanto o conhecimento humano surge tanto do raciocínio discursivo como da intuição, os anjos são modelos de intuição. Eles devem ser amigos próximos dos artistas e de todos aqueles que estão em sintonia com sua intuição.

RUPERT: É certamente verdade que, quando falamos sobre compreensão, dificilmente conseguimos evitar o uso da metáfora da luz. E isto é mais que uma metáfora: vemos as coisas com um tipo de luz interior. O "olho" de nossas mentes funciona porque nossas mentes são, de certo modo, luminosas.

O problema é que nem todas as nossas intuições ou saltos criativos estão corretos. Por exemplo, uma hipótese científica é uma suposição ou uma intuição a respeito de como as coisas são. Mas temos de testá-la experimentalmente para verificar se está certa ou errada. Também é possível haver teorias brilhantes que acabam se mostrando enganosas. De acordo com o conhecimento de Aquino sobre os anjos, se eles têm teorias brilhantes, elas sempre se revelam corretas; na verdade, são menos teorias do que *insights* diretos para o íntimo da forma como as coisas são.

Luz divina

Deus não é desconhecido por causa da obscuridade, mas por conta da abundância de luminosidade, pois a visão de

Deus está ao lado de sua essência, acima da natureza de qualquer intelecto criativo, não apenas humano, mas também angélico.[8] A irradiância de Deus é supersubstancial, ou seja, a própria verdade divina supera todas as fronteiras e os fins de qualquer conhecimento.[9]

MATTHEW: Aquino frequentemente enfatiza como os anjos diferem dos seres humanos e detêm maior abundância de luz intelectual, mas, apesar disso, ele se empenha em demonstrar como os anjos não são perfeitamente semelhantes a Deus em seus poderes. Eles também têm limites, pois são criaturas. Em que pesem todos os seus imensos poderes de intuição, não veem Deus face a face, por assim dizer; não experimentam a essência do divino. Seria bastante parecido com fitarmos o Sol diretamente; tornaria nossa visão obscura e danificá-la-ia.

RUPERT: Essa passagem me faz lembrar o *Livro tibetano dos mortos*, no qual está escrito que, tão logo morremos, deparamo-nos com uma luz nossa. Somente aqueles que estão preparados por meio da prática espiritual para encarar essa luz estão habilitados para nela penetrar, e assim são libertados.

A maioria das pessoas desencarnadas não a suporta e desvia o olhar; fica aterrorizada. Em seguida, essas almas ficam expostas a uma série de luzes menos intensas, para as quais também evitam olhar. Gradualmente se voltam para um plano existencial, no qual começam tendo fantasias sexuais, tornam-se *voyeurs* incorpóreos orbitando em torno de casais em cópula, até serem capturadas por um ventre e nascerem novamente em um corpo humano.

MATTHEW: Como você disse, a maneira de entrar nesse reino de beleza, luz e terror que o acompanha é a prática espiritual. Isso é o que os místicos querem dizer com *via negativa*, o processo de esvaziamento, a remoção e a poda por meio das quais aprendemos a nos soltar e a nos entregar à luz, a uma força de amor maior que nós. Sem esse processo de esvaziamento, sem esse *kenosis*, só podemos sobreviver em um mundo tal como o que estamos. Nesse sentido, escolhemos nosso futuro conforme permitimos a nós mesmos que sejamos "aparados" nesta vida.

Mais uma vez voltamos à dialética da luz e da escuridão. Na escuridão, nós nos preparamos para a entrada de mais luz. Existem muitas maneiras de resistir à escuridão, como os vícios, a negação ou, apenas, o viver uma vida superficial. Se nos recusamos a penetrar aquele processo de esvaziamento, aquela região obscurecida da alma, então não estamos no caminho para despertar a capacidade empenhada em nós para receber uma experiência de luz mais completa.

A morte é tanto uma experiência obscura como uma experiência de luz. É escuridão porque desconhecida e envolvida em medo e mistério. Mas aqueles que, de alguma forma, têm adquirido conhecimento sobre o que acontece após a morte elevam-se com imagens de luz. Parece que a morte também carrega muita claridade e pode muito bem ser um retorno à fonte de toda luz.

Na primeira história da criação, no Gênesis, o primeiro ente criado é a luz. A luz está muito próxima do divino, da divindade; estava na mente de Deus, a primeira coisa a ser feita. E a atual história da criação começa com uma bola de fogo.

RUPERT: Nos primeiros estágios do Big Bang, na bola de fogo primordial, luz e escuridão não são realmente diferenciadas. O fogo primordial transcendeu a luz e a escuridão tais como as conhecemos. Mas, à medida que o universo se expandiu e resfriou, ocorreu o chamado desacoplamento da matéria e da radiação, a separação entre matéria e luz. Em outras palavras, na história da criação contemporânea, como no livro do Gênesis, a diferenciação entre luz e escuridão é precedida por um estado que transcende ambas, um tipo de fogo que vai além da luz ou da escuridão.

A natureza da compreensão

> O universo estaria incompleto sem as criaturas intelectuais; e, visto que a compreensão não pode ser um ato do corpo ou das energias corpóreas – o corpo como ser circunscrito ao aqui e ao agora –, resulta que um universo completo deve conter alguma criatura incorpórea [...] Portanto, as substâncias incorpóreas estão a meio caminho entre Deus e as criaturas corpóreas, e o ponto equidistante entre extremos parece extremo com respeito a ambos; assim o morno, comparado ao quente, parece frio. Portanto, os anjos poderiam ser considerados materiais e corpóreos quando comparados a Deus, sem que isso signifique que são intrinsecamente assim.[10]

RUPERT: Essa discussão me faz lembrar da ideia de David Bohm a respeito da ordem implicada. O mundo fenomenal, o mundo no qual vivemos, é a ordem explicada, a ordem revelada. Atrás ou além dele está a ordem implicada, uma ordem abrangente da qual surge o mundo em que vivemos. Mas Bohm não discute apenas uma ordem implicada; ele apresenta uma série de níveis de ordens que são mais e mais abrangentes. São níveis de subentendimento dentro de uma ordem implicada.

Olhando de dentro para fora, do interior da ordem implicada para a explicada, o próximo nível parece um corpo porque se encontra no lado corpóreo das coisas. Olhando de fora para dentro, o nível mais implicado se assemelha à compreensão, à significação ou ao sentido. É mais como uma ideia. Bohm chama esse duplo aspecto das coisas de "soma-significância".

MATTHEW: Acho a ideia de David Bohm empolgante porque coloca nossos processos mentais em um contexto que extrapola a mera epistemologia humana. Ele fala sobre os relacionamentos cósmicos aos quais nos submetemos como pensadores, como seres que entendem, como seres intelectuais. À medida que aumenta nosso entendimento, há um desvelamento gradual do implicado para o explicado. Nesse sentido, estamos contribuindo como espécie para a autoconsciência do universo.

Intelectos e corpos

> A atividade de compreender é totalmente não material [...][11] O ato de entender não é uma ação do corpo ou de uma energia corporal. Portanto, estar ligado a um corpo não faz parte da essência do ser intelectual [...] nem todos os intelectos estão unidos a corpos; alguns existem separados deles, e a esses chamamos anjos.[12]

MATTHEW: Isso quer dizer que nós, seres humanos, não estamos sós como espécie na companhia desses outros seres que, como nós, procuram compreensão e têm intuições genuínas sobre a verdade das coisas. De acordo com Aquino, refreamos esse processo porque todo o nosso conhecimento advém do senso de experiência e do raciocínio discursivo. Mas temos em comum com os anjos a experiência da verdade em si mesma.

Também temos a responsabilidade de criar, de originar uma compreensão mais explícita do mundo. Essa é uma paixão dentro de nós. É por isso que gostamos da verdade. Sentimos que faz parte do processo criativo do universo descobrir alguns de seus hábitos fundamentais e suas sutis interconexões.

RUPERT: Essa trajetória pelo conhecimento incorpóreo tem sido extremamente profícua em toda a história do desenvolvimento da ciência. Descartes falava sobre o intelecto científico como um tipo de mente separada do corpo, surgindo além das informações imediatistas das sensações e capaz de compreender as leis supremas da natureza.

MATTHEW: Eu e outras pessoas frequentemente criticamos Descartes por ter sido o pai do dualismo no Ocidente, separando espírito e matéria. E, mesmo aqui, em nossa conversa sobre o conhecimento angélico, estamos admitindo que parte da visão de mundo cartesiana é algo sobre o qual precisamos atentar, ou seja, devemos perceber que a natureza de nosso espírito é capaz de ir além, do particular para o universal.

Mas sempre temos de voltar para o particular porque é aí que a moralidade se manifesta ou não. Descartes, tão especializado em nosso lado angélico, abstrato, realmente ignora o lado corpóreo e, portanto, o coração e os chacras inferiores, incluindo a afronta moral. A filosofia de Descartes se faz útil para nós na medida em que somos parecidos com os anjos, mas é muito perigoso construir uma civilização com base em uma filosofia alicerçada sobre aquilo que temos em comum com os seres angélicos, inteligentes. Agora, estamos pagando o preço. Por causa de nossa fuga em relação à natureza, ao corpo terrestre e aos nossos próprios corpos, vivemos uma crise ecológica em grande parte originada da ignorância que permeia nosso relacionamento com o corpóreo.

RUPERT: Sim. Descartes defendia os anjos. Acreditava ser inspirado por um deles. Colocava o intelecto humano, os anjos e Deus no reino espiritual e, nessa perspectiva, seguiu fielmente a tradição medieval. Enquanto Aquino reconhecia uma tripla divisão entre corpo, alma e espírito, Descartes adotou um dualismo ao eliminar o termo do meio, a alma. Assim, restavam apenas os corpos, concebidos como máquinas inanimadas, e o espírito.

MATTHEW: Ao fazer isso, ele estava seguindo seu mentor, Santo Agostinho, que definia o espírito como "tudo o que não é matéria".

Cada anjo, sua própria espécie

> É impossível haver mais de um anjo em uma mesma espécie [...] o valor de uma espécie se sobrepõe ao valor de um indivíduo. Por isso, a multiplicação das espécies angélicas é bem mais valiosa do que seria qualquer número de indivíduos de uma mesma espécie.[13]

MATTHEW: Aquino, seguindo Aristóteles, refere-se à matéria como sendo o princípio da individuação, ou da individualidade. Uma águia, por exemplo, compartilha sua forma e suas qualidades gerais com todos os membros de sua espécie, mas seu corpo material lhe confere uma existência individual situada no tempo e no espaço. Dado que Aquino ensinou que os anjos não contêm matéria, só poderia haver um único anjo na mesma espécie. Assim, Aquino celebra cada anjo como uma espécie ímpar, uma espécie única em si mesma.

RUPERT: Isso quer dizer que cada um dos inumeráveis anjos é diferente do outro; não apenas como um melro difere de outro melro, mas como um melro difere de uma gaivota.

Os anjos podem assumir corpos?

> Alguns têm sustentado que os anjos nunca assumem corpos e que todas as aparições angélicas a respeito das quais lemos nas Escrituras eram visões proféticas, ou seja, frutos da imaginação. Mas isso contradiz o senso das Escrituras, pois o que é visto apenas na imaginação de alguém é uma experiência essencialmente íntima, não é algo que outros possam ver ao mesmo tempo. Mas as Escrituras falam que os anjos aparecem a todas as pessoas

que estiverem presentes em determinado lugar; os anjos vistos por Abraão, por exemplo, também foram vistos por seus criados, por Ló e pelos habitantes de Sodoma; e o anjo visto por Tobias foi visto também por todos os que estavam presentes. É óbvio que tais visões foram corpóreas, ou seja, de coisas que existiam fora da visão subjetiva. Assim, como os anjos não são corpos propriamente ditos, nem a natureza deles envolve a união com o corpo, devemos concluir que, eventualmente, eles assumem corpos. Portanto, os anjos não precisam tomar corpos por si mesmos, mas por nossa causa.[14]

MATTHEW: Aquino insiste que os anjos, quanto à sua própria natureza, não são corpóreos. Entretanto, acredita que os anjos assumem corpos, ou algo semelhante a um corpo, em seu trabalho, na governança do universo e, principalmente, na relação com as pessoas.

RUPERT: Acho interessante que, nessa passagem, Aquino trate de algo que consideramos uma visão moderna: se as pessoas afirmam ver anjos, isso é tido como coisas de sua própria imaginação; os anjos não existem por aí, de verdade.

MATTHEW: Sim, ele insiste que as experiências com anjos não são exclusivamente pessoais, que nossa imaginação não é estritamente subjetiva. Ele diz que os encontros com anjos são experiências reais que podem ser intersubjetivas; que atraem a imaginação das pessoas, e isso atravessa o dualismo subjetivo *versus* o objeto.

Quanto à afirmação "é óbvio que tais visões foram corpóreas, ou seja, de coisas que existiam fora da visão subjetiva", penso ser esta uma boa definição do corpóreo: as coisas corpóreas existem fora da visão subjetiva. A filosofia moderna parece ser incapaz de se livrar de seus conceitos e reconhecer que as coisas existem, quer as conheçamos ou não.

Gosto de sua declaração, extremamente direta: "os anjos não precisam tomar corpos por si mesmos, mas por nossa causa". É o poder da generosidade angélica que toma forma para nos ajudar, nos assistir, para se comunicar conosco e para ser reconhecido por nós. Ele parece dizer que qualquer ser que venha a nos ajudar de algum modo precisa estar encarnado.

Na verdade, logo depois dessa passagem, Aquino continua aludindo ao Cristo que assume um corpo humano. A encarnação parece ser um meio necessário pelo qual os seres humanos aprendem qualquer coisa, incluindo, até mesmo, o divino.

RUPERT: Essa pressuposição dos corpos é importante em dois contextos: um é a aparência dos anjos da guarda. Muitos livros recentes sobre encontros com anjos da guarda envolvem a aparição desses seres sob a forma humana para ajudar as pessoas; o outro é a imagem dos anjos. Se os anjos não têm formas corpóreas, não podemos retratá-los. E existem inúmeras representações de anjos.

Os anjos, é claro, são frequentemente retratados com asas. Por sua natureza, de acordo com Aquino, não precisam de corpos, tampouco de asas, para se locomover. Ele diz que os anjos só assumem aparência corpórea por nossa causa, e que, presume-se, são representados com asas para ilustrar a habilidade que têm de se locomover de um lugar para outro.

MATTHEW: Não me lembro de qualquer ocorrência nos escritos de Aquino sobre anjos em que ele sequer mencione as asas. Mas a imagem das asas tem um poder arquétipo, e sugere não apenas movimento como voo. Isso é essencial para a experiência mística. As asas também trazem a lembrança de uma águia e de outros pássaros notáveis como seres de espírito. Elas ensejam uma ideia sobre coisas que existem nas alturas, e que também têm a liberdade de lá permanecer para voar. É uma condição a qual ansiamos; voar faz parte de nossa natureza mística. Os artistas projetaram essa imagem nas representações que fizeram dos anjos.

Revelação e profecia: o trabalho dos anjos

> O espírito opera graças nas pessoas por meio dos anjos.[15] As iluminações e as revelações divinas são transmitidas por Deus aos seres humanos por meio dos anjos. Agora, o conhecimento profético é outorgado pela iluminação e pela revelação divinas. Portanto, é evidente que é transmitido pelos anjos.[16]
>
> A profecia é uma perfeição do intelecto, por meio da qual um anjo também pode formar uma ideia.[17] A revelação profética, que é comunicada pelo ministério dos anjos, é chamada de revelação divina.[18] A profecia manifesta-se entre anjos e pessoas.[19]

MATTHEW: Essa é uma concepção muito importante de Aquino sobre os anjos. A imagem que me ocorre quando ele discorre acerca dos anjos transmitindo iluminações e revelações divinas é aquela das abelhas carregando pólen de flor em flor. Daí vem a ideia de que os anjos carregam revelações proféticas de profeta em profeta. Em outras palavras, ideias novas. Isso realmente se encaixa em sua compreensão a respeito do conhecimento angélico; os anjos são especialistas em intuição. E também são profetas. Eles têm intuição moral.

Aquino diz que os anjos carregam mensagens e sementes de intuição de pessoa em pessoa. Talvez seja essa uma das razões pelas quais, em uma época como a nossa, em que a consciência profética se faz tão necessária, haja um consenso crescente entre diferentes tipos de pessoas, desde cientistas a teólogos, poetas, ambientalistas, e assim por diante. Quando falamos sobre um consenso cada vez maior ou sobre o surgimento de uma nova visão de mundo, talvez os anjos realmente tenham uma participação nisso. Afinal, de onde vêm nossos sonhos e nossas intuições?

"Revelação profética" é um termo muito forte. "Iluminação divina" e revelação profética. O fato de serem transmitidas pelo ministério dos anjos confere a estes uma tarefa extraordinária em uma época de descontinuidade social, intelectual e ecológica. É esse o tempo em que vivemos. O renascimento da civilização e a esperança por uma renascença dependem tanto dos anjos quanto da boa vontade e do comprometimento dos seres humanos.

O rabino Heschel diz que o profeta interfere, mas Aquino afirma que a interferência não é apenas emocional ou retórica, mas intelectual. Assim como a luta por justiça é algo intelectual. Não se pode ter luta por justiça sem vida intelectual porque diz respeito a ponderar as possibilidades – uma imagem que nos é familiar no arquétipo da mulher vendada com a balança.

RUPERT: Creio que as ideias de Aquino sobre revelação e iluminação por meio dos anjos também sejam importantes para restaurar em nós um senso de inspiração. Toda arte proeminente e, com efeito, toda criatividade reconhecidamente superior estão fundadas na ideia de inspiração, apreendida desde um ser consciente ou de uma inteligência mais elevada que a nossa. E isso é expresso no conceito clássico do gênio, o espírito que guia ou orienta uma pessoa.

Os poetas clássicos deram início a essa tradição com uma invocação às suas musas, pedindo a elas que os guiassem e os inspirassem. A tendência continuou na poesia inglesa, como em *The Faerie Queene*, de Edmund Spencer, e *Paraíso perdido*, de John Milton. E hoje, se você for a um concerto de música clássica no sul da Índia, ele será iniciado com uma invocação a Sarasvat, a deusa da sabedoria e da música.

A ideia de que a informação é oriunda de fontes superiores experimentou recentemente uma revivicação popular, e é bastante comum em nossos dias. Vivemos uma cacofonia de canalização [*channeling*]. Em qualquer livraria voltada para publicações sobre a Nova Era, há inúmeros livros sobre informação canalizada. Ainda que adore a ideia da inspiração angélica, devo admitir um certo preconceito contra toda essa canalização.

MATTHEW: É aqui, nessa passagem, que o trato de Aquino é tão revigorante. Ele insiste na dimensão intelectual, no conceito de que a dimensão profética é uma dimensão de justiça. Essas são as duas dimensões que acredito estarem sempre faltando na canalização da Nova Era. Por exemplo, muitos desses canalizadores estão ocupados ganhando dinheiro com seus anjos; e para onde isso vai? A quem serve? E qual é o teor intelectual disso?

É algo semelhante ao excesso de cérebro direito. Uma abordagem sobre os anjos que não inclua uma tradição como a que Aquino representa, com suas dimensões de vida intelectual e profética, enveredase por uma relação movediça com o mundo angélico. O verdadeiro interesse dos anjos é ajudar a humanidade e servir. Mas a canalização pode acabar servindo simplesmente às necessidades financeiras, de ego ou de fama das pessoas. Tampouco me sinto à vontade com as versões sobre anjos que não demonstram que o termo dessa relação é a compaixão pela condição humana e pela situação terrena. É por isso que o fato de Aquino mostrar-se tão explícito sobre o papel profético dos anjos é uma notícia tão revigorante.

Silêncio divino

Os anjos são os arautos do silêncio divino. Pois está claro que, em uma concepção de coração ou de intelecto desprovida de voz, está implícita a ideia de que são preenchidos pelo silêncio. Mas é por meio de uma voz perceptível que o silêncio do coração é proclamado [...] os anjos sempre são os anunciadores do silêncio divino. Mas, depois que algo é anunciado a alguém, é necessário que o anúncio seja entendido. Por conseguinte, e porque podemos entender pelo intelecto as coisas que são anunciadas a nós por meio dos anjos, eles mesmos, pelo esplendor de sua luz, ajudam nosso intelecto a entender os segredos de Deus.[20]

MATTHEW: É muito bonita a tarefa que Aquino identifica como sendo a que os anjos executam: a de serem anunciadores do silêncio divino. E eles não só anunciam como também nos ajudam a entender os anúncios. Os anjos tocam nosso intelecto através do brilho intenso de sua luz própria.

Acho que perdemos o respeito pelo silêncio. Nosso mundo está repleto de Muzak*, de televisão e de todas essas intromissões no silêncio da natureza. O silêncio está se tornando cada vez mais raro. No entanto, as tradições espirituais sempre ensinaram que o silêncio é uma das maneiras pelas quais o coração se abre e o divino conversa conosco. Um retiro espiritual é um exemplo, e muitos tipos de meditação, desde a zen budista à monástica, envolvem a prática de reunir-se em silêncio.

Acredito que essa notícia de que os anjos são portadores do silêncio faça parte de nossa recuperação da cosmologia sagrada. Eu me lembro de Rusty Schweickart, o astronauta, comentando que foi o silêncio cósmico do espaço afora que o tornou um místico, após ter sido treinado durante anos como piloto de jato de caça. As pessoas que descem às profundezas do mar ou praticam mergulho já me contaram sobre o impressionante silêncio que há lá embaixo.

....
* Sinônimo para música desimportante, insossa, produzida em série. Conhecida como "música de elevador", o gênero remete à música ambiente produzida desde a década de 1950 pela empresa Muzak Inc. [N. de E.]

O silêncio é claramente um dos caminhos para se atingir o coração, o mistério divino. É uma missão muito especial e misteriosa aquela que Aquino aponta aqui, nesta simples frase: "Os anjos são os arautos do silêncio".

RUPERT: Isso quer dizer que uma maneira de entrar em contato com os anjos é por meio do silêncio? Equivaleria a sugerir que sempre que adentramos um espaço silencioso por meio da meditação, na medida em que esse silêncio for divino, o anúncio da presença divina será feito por meio de um anjo.

MATTHEW: Isso mesmo, os anjos estão presentes. O silêncio é como um vácuo que suga os anjos para seu interior. Eles não resistem ao silêncio sagrado. Mas nem sempre nos aproximamos do silêncio por meio da meditação, embora seja o caminho mais óbvio. Minha vivência diz que, sempre que ocorre uma experiência de reverência, ocorre também uma experiência de silêncio. Por exemplo, em um procedimento ritual, que pode não ser um ritual silencioso, quando se faz uma boa oração, esta sempre acaba despertando o silêncio. E, se isso é verdade, também o é que uma boa oração aproxima os anjos; ela torna os anjos presentes.

RUPERT: Mas é uma declaração muito paradoxal a de que os anjos são anunciadores do silêncio divino, porque anunciar geralmente envolve som.

MATTHEW: Sim. Aquino faz uma afirmação que realmente nos intriga. Acredito até que ele esteja sendo deliberadamente paradoxal para anunciar o silêncio divino.

RUPERT: "Pois está claro que, em uma concepção de coração ou de intelecto desprovidos de voz, está implícita a ideia de que são preenchidos pelo silêncio".

MATTHEW: Creio que isso se refira à natureza dos anjos, ao fato de eles não terem voz. Isso torna os anjos especialmente aptos ao silêncio. Lembre-se, eles aprendem por meio da intuição, e, se pararmos para pensar sobre isso, não poderíamos dizer que a intuição é algo não verbal em vários aspectos? Nesse sentido, é uma ligação mais direta com o coração e com a mente.

RUPERT: Isso quer dizer, então, que o tipo de comunicação que eles estabelecem conosco se parece mais com a telepatia do que com a audição normal?

MATTHEW: Sim, acho que ele deduz isso, ou então que eles habitam nossas intuições e nossos sonhos. Quando sonhamos, estamos em silêncio, e eu acredito que os anjos sejam atraídos por isso.

RUPERT: "Mas é por meio de uma voz perceptível que o silêncio do coração é proclamado". Ele diz que, para proclamar o que se encontra no silêncio do coração, temos de usar nossas vozes?

MATTHEW: Sim, proclamamos e louvamos. E é essencialmente para isso que temos vozes, para proclamarmos o mistério e o que aprendemos no silêncio de nossos corações.

RUPERT: Ainda não entendi como isso se encaixa na visão tradicional dos coros de anjos que cantam "Santo, Santo, Santo".

MATTHEW: Esse é um comentário pertinente. O que faz os artistas se expressarem é a profundidade do silêncio que eles experimentaram anteriormente. Em outras palavras, eles têm algo a dizer que alcança a profundidade do mistério. Eles não fazem apenas barulho; sua fala emerge de um silêncio verdadeiro. Todas as orações brotam do silêncio profundo, e isso inclui, de alguma forma, a oração angélica.

É no silêncio que recolhemos nossa verdade e o vazio se instala. É a *via negativa* que precede a *via criativa*. O vazio permite que os espíritos adentrem; e outra denominação para "espíritos" é "anjos".

A poetisa M. C. Richards pergunta: "No começo a Palavra já existia, mas o que precedeu a Palavra?" Sua resposta é o silêncio. A palavra genuína emerge do silêncio.

Trabalhando com anjos

Fazemos os trabalhos de Deus junto com os anjos sagrados.[21]

MATTHEW: Para mim, essa afirmação atesta que somos colaboradores de Deus, e de que tal condição também significa que somos colaboradores dos anjos; para realizar nosso trabalho piedoso, contamos com esses ajudantes invisíveis. Essa é a boa notícia. Acredito que precisamos de toda a ajuda que conseguirmos reunir para o trabalho espiritual que hoje temos de executar. Há quem viva experiências em sonhos, intuições e *insights*, e mesmo experiências de defesa e cura, que são mais prontamente explicadas pela presença angélica do que por qualquer outra causa.

RUPERT: Mas, nos últimos duzentos ou trezentos anos, muitas pessoas, incluindo os cristãos, não têm levado os anjos muito a sério. Eles têm sido vistos como relíquias do passado, como seres míticos alados. Apesar disso, se os anjos existem, se em qualquer sentido eles são reais, então eles sempre estiveram aqui e sempre ajudaram as pessoas. Ou, no caso dos anjos maus, as prejudicaram.

Na sua opinião, em que medida cooperar com os anjos implica um reconhecimento consciente deles ou, mesmo, sua invocação? Se eles sempre ajudaram, mesmo que as pessoas não estivessem cientes de sua presença, significa que eles podem trabalhar de forma bastante discreta e de um modo que parece não exigir retribuição, nem "por favor" nem "obrigado". Eles ajudam de qualquer maneira.

Mas quanto mais eles poderiam nos ajudar se passássemos a reconhecer a sua presença? E como deveríamos reconhecer essa presença e pedir sua ajuda?

MATTHEW: É uma ótima pergunta, e prática. Aquino sempre nos lembra de que somos seres conscientes. Os anjos não interferem em nossas escolhas ou em nossos mistérios, nos segredos do nosso coração.

Portanto, me parece ser muito importante que roguemos a eles; do contrário, seu trabalho fica relegado a assuntos externos. O verdadeiro trabalho que temos de fazer envolve imaginação, criatividade, intuição, dar novas formas a tudo, desde a política à educação. Se quisermos a ajuda dos anjos, temos de convidá-los a entrar no nosso coração e na nossa mente, seja no plano individual, seja no coletivo.

É possível que, durante a Era Moderna, quando definitivamente banimos os anjos de nossa mente, coração, pensamentos e intuições, eles tenham se afastado. Talvez estejam ocupados com outro planeta, onde são mais bem-vindos. Parte da maravilha de se revigorar o louvor será despertar a consciência de que os anjos estão presentes novamente. Eles têm de ser invocados. E o que você disse é muito importante: precisamos agradecer-lhes.

RUPERT: Isso daria um sentido mais familiar à festa de São Miguel e Todos os Anjos no dia 29 de setembro, o dia no calendário litúrgico em que são mais plenamente reconhecidos, mesmo que muitos daqueles que os celebram não saibam muito bem o que estão fazendo. Mas essa data ainda persiste e é importante no calendário da Igreja. Uma maneira de reconhecer a existência e a importância dos anjos é tornar essa festa tradicional um evento mais consciente.

Na tradição judaica, existem rituais e orações para os anjos, e talvez existam em profusão na tradição cristã. Você acha que, se estudássemos com mais atenção os textos da Idade Média, quando os anjos eram vistos com mais seriedade e eram frequentemente retratados em igrejas e catedrais, encontraríamos orações e práticas relacionadas aos anjos que pudessem servir como ponto de partida para nós hoje?

MATTHEW: Com certeza. Na liturgia ocidental, a abertura da missa inclui diversas orações nas quais os anjos são invocados de modo explícito. O "Santo, Santo, Santo" é um cântico angélico, cantado nos livros proféticos da Bíblia hebraica. Assim, desde que oremos em um contexto cosmológico, os anjos estão realmente presentes em toda celebração eucarística. Mas, como você disse, temos estado alheios a isso e, durante os últimos séculos, isso talvez não tenha tido muito significado. Na verdade, talvez estejamos desconfortáveis em relação a isso.

Na Idade Média, foram articuladas inumeráveis especulações e experiências com os anjos. Claramente, as pessoas acreditavam na existência de espíritos com os quais tinham de lidar, fossem eles aliados, trapaceiros ou inimigos. Essa não é apenas uma realidade cristã; é certamente uma realidade dos povos nativos da América e, até onde sabemos, de todos os povos. Faz parte de um profundo ecumenismo de nossa época. Retomar a ideia de rezar com os anjos, de ter bons anjos que nos ajudem e de confrontar os anjos maus faz parte da era de peregrinação que estamos construindo juntos, como espécie, no interior de nossas fontes e tradições espirituais mais profundas. O ecumenismo profundo exige um despertar para as forças dos espíritos e dos anjos. E os anjos nos despertarão.

Como os anjos estão localizados?

> Um anjo se encontra em um lugar por um contato de poder. Se alguém quiser chamar esse contato de ação (*operatio*), pois a ação é o efeito genuíno do poder, pode dizer que um anjo está agindo em determinado lugar – desde que "ação" seja entendida como verbo que inclui não apenas movimento ativo (*motio*), mas qualquer tipo de conjunção (*unitio*) por meio da qual um anjo traz seu poder em conexão com o corpo, seja governando-o, contendo-o ou de alguma outra maneira.[22] Não acontece de um anjo ser contido por um lugar, pois a aplicação do poder de uma substância espiritual a um corpo é, com efeito, a tomada do corpo por essa

substância, e não o contrário. Assim, a alma humana está no corpo como o contendo, e não contida por ele. Da mesma forma, um anjo está em determinado espaço corpóreo não contido por ele, mas contendo-o.[23]

MATTHEW: Obviamente, é difícil falar sobre a presença de anjos em determinado lugar uma vez que eles, por definição, não têm corpo. Estar em um lugar parece ser uma qualidade de algo corpóreo. Fico impressionado com a maneira como Aquino identifica a presença dos anjos, relacionando-a diretamente com suas ações. Um anjo está em um lugar na medida em que age sobre ele. Essa ação inclui não apenas movimento, mas também união ou conexão, talvez relacionamento.

A ideia de que os anjos não estão contidos por um lugar, mas que, na verdade, o contêm, é um pouco misteriosa. Torna a presença dos anjos diferente do que estamos acostumados a ver com frequência.

RUPERT: Creio que a analogia mais próxima é, mais uma vez, dada pelos campos. Por exemplo, não diríamos que o campo gravitacional universal é contido pelo universo; diríamos que o universo é contido pelo campo. Da mesma forma, o campo eletromagnético, por meio do qual a luz viaja, contém aquilo sobre o que está atuando. O campo eletromagnético que nos cerca agora, por meio do qual podemos ver as coisas e ser vistos, nos contém; ele age sobre nós e nós agimos sobre ele.

Isso nos leva mais uma vez à questão dos anjos e dos fótons. Um fóton é um *quantum* de ação. Os fótons são localizados por meio de sua ação, assim como Aquino diz que os anjos são localizados. Há uma semelhança adicional no fato de o fóton não ser material, no sentido estrito da palavra. O fóton não tem massa. Em outras palavras, não é realmente um corpo; ele é incorpóreo.

Penso que a ciência nos fornece importantes metáforas ou paralelos à ideia de que os anjos, mesmo imateriais e incorpóreos, são capazes de conter corpos e de estar presentes por meio de sua ação. Na verdade, é esse o sentido da teoria quântica.

MATTHEW: Podemos chamar um campo de lugar?

RUPERT: Não, não podemos. Podemos dizer que um campo contém um lugar sobre o qual age. E os campos têm uma localização determinada; mas, se você fala sobre um campo que contém um elétron, por exemplo, dá a entender que o campo do elétron está disperso com uma probabilidade decrescente sobre uma distância infinita. Os campos não têm limites rígidos. Um campo magnético ao redor de um ímã não tem margens nítidas; ele se espalha com força decrescente, indefinidamente. O campo gravitacional da Terra mantém a Lua em sua órbita e influencia o Sol e os planetas. Também tem influência sobre as estrelas e galáxias distantes, mas tão pequena que chega a ser insignificante.

MATTHEW: Acho incrível que existam essas analogias entre o pensamento de Aquino, a imaginação e o pensamento científico atual. É fascinante que a mente de Aquino, quando pensando sobre os anjos, adentre os tipos de relacionamento com os quais a ciência de hoje ainda está às voltas. Anjos e fótons aí estão.

Os anjos atuam em um lugar por vez

Quando relacionamos qualquer coisa a um poder único, nós a unificamos. Assim, quando relacionado ao poder universal de Deus, o universo inteiro é um; e, de forma semelhante, qualquer parte do universo, quando relacionada ao poder de um anjo, é una. Uma vez que um anjo está presente em um lugar na medida em que seu poder é aplicado a esse lugar, ele nunca se encontra em toda parte ao mesmo tempo, mas apenas em um lugar em um dado momento [...] Não é necessário que o lugar onde um anjo esteja seja espacialmente indivisível; pode ser divisível ou indivisível, maior ou menor, de acordo com as escolhas do anjo, feitas de modo voluntário, para aplicar seu poder com maior ou menor intensidade. E o corpo todo, qualquer que seja, será como um lugar para ele.[24]

RUPERT: Aqui, a analogia com os campos surge com clareza ainda maior. Um campo é uma totalidade. Não é possível ter um pouco de campo magnético, por exemplo. Se você cortar um ímã em pequenos pedaços, cada qual será um ímã completo com um campo magnético completo. Se você reunir os pedacinhos para formar um ímã, todos os campos se juntam para formar um campo único.

É da natureza dos campos unificar as coisas sobre as quais eles atuam, relacionando-as como um todo. Por exemplo, o campo gravitacional do sistema solar relaciona o Sol e os planetas entre si, conferindo unidade ao sistema. Na biologia, os campos morfogenéticos que modelam o corpo têm a mesma qualidade. O campo morfogenético que forma um embrião de girafa reúne sob sua influência todos os órgãos em desenvolvimento, conforme cresce esse organismo; ele coordena seu crescimento para que possam se desenvolver e trabalhar juntos para formar uma girafa. O campo relaciona as partes como uma unidade, como um organismo vivo.

A visão de Aquino se encaixa bem nas modernas teorias dos campos, mas vai além. Essas teorias lembram o conceito medieval de alma como princípio organizador e abrangente de um corpo vivo. Aquino explica essa ideia e traça um paralelo entre a natureza abrangedora da alma e a maneira como os anjos estão presentes nos lugares. Mas a ação dos anjos vai além da ação das almas ou dos campos; não é uma parte inconsciente e corriqueira do curso da natureza – envolve consciência e escolha.

MATTHEW: Isso é algo que Aquino enfatiza quando diz que um anjo, voluntariamente, opta por aplicar seu poder em um corpo mais ou menos estendido. Existe uma escolha por parte do anjo, uma disposição e uma opção por ser criativo neste ou naquele lugar, conectado a estes ou àqueles corpos. Logo, uma opção de amor.

Amor angélico

A vontade dos anjos é amorosa por natureza.[25] Os anjos não podem evitar o amor, por força dessa própria natureza.[26]

MATTHEW: Acho importante o fato de não estarmos lidando apenas com seres inteligentes, mas também com seres amorosos. Os poderes angélicos não são neutros. Einstein disse que a pergunta mais importante que podemos fazer na vida é: "O universo é amistoso ou não?" Aquino afirma que os anjos, esses seres angélicos que governam o universo, são amorosos.

Não temos a tendência de analisar os campos como necessariamente amorosos. Eles cumprem seu papel no universo, que é sustentar e tornar as coisas possíveis. Mas aqui temos seres que também são protetores, amorosos e cuidadosos; temos a confirmação de que a interconectividade no universo não é apenas impessoal, mas depende de seres compassivos que amam e cuidam.

RUPERT: Acho isso importante. O campo gravitacional unifica todo o universo. Assim como o amor, ele é unificador por natureza, mas geralmente pensamos na atração gravitacional como um processo completamente inconsciente. Introduzir o elemento da consciência vai muito além do conceito de campo da ciência contemporânea.

MATTHEW: E temos metáforas que relacionam gravidade e amor, como "cair de amor". Se "desantropocentralizarmos" nosso idioma, poderemos perceber como somos amados por forças cósmicas como os anjos. E, às vezes, isso pode nos manter quando o amor humano nos desapontar.

Vários anjos podem estar simultaneamente no mesmo lugar?

> Duas almas não existem no mesmo corpo e, pela mesma razão, dois anjos não existem num mesmo lugar. Dois anjos não podem estar simultaneamente no mesmo lugar porque é impossível que algo dependa total e imediatamente de duas causas [...] Assim, enquanto seu poder for aplicado em um lugar definido, contendo-o completamente, podemos concluir que apenas um anjo pode estar nesse lugar em um determinado momento.[27]

MATTHEW: É abordando essa questão que Aquino mais se aproxima da tão repetida caricatura da angelologia escolástica, a qual temos traçado e sobre a qual comentado que seus teóricos despenderam anos discutindo a respeito de quantos anjos poderiam dançar na cabeça de um alfinete.

RUPERT: Como surgiu essa caricatura?

MATTHEW: Nunca, ao longo de minha vasta experiência com literatura e teologia medievais, vi essa questão ser levantada, muito menos discutida. Acredito que os historiadores racionalistas e os filósofos dos últimos séculos achavam necessário reprimir a Idade Média. Na verdade, muitas pessoas são levadas a crer que a Idade Média foi uma época totalmente sombria, mas é difícil acreditar nisso quando se visita a Catedral de Chartres ou as várias outras grandes catedrais daquela época. Obviamente, os homens do medievo entendiam muito de engenharia, sem falar em vitrais e cosmologia, e sabiam relacionar a religião ao cosmo e ao espírito.

RUPERT: Aquino está dizendo neste trecho que, assim como não é possível ter duas almas contendo um mesmo corpo, não é possível ter dois anjos trabalhando no mesmo sistema. É da natureza da alma ser o princípio unificador do corpo, e, por isso, haver duas almas operando no mesmo corpo seria negar a qualidade unificadora, a menos que elas se alternassem.

MATTHEW: Como o dr. Jekyll e o sr. Hyde?

RUPERT: Sim. Mesmo nos casos mais extremos de múltiplas personalidades, mesmo às dezenas, elas se sucedem, mas não agem ao mesmo tempo. Tal como em uma televisão: você pode assistir a vários canais, um após outro, mas não pode assistir a todos ao mesmo tempo.

Essa analogia apoia a suposição de Aquino de que não pode haver dois anjos agindo no mesmo lugar simultaneamente. Mas, por outro lado, se usarmos a metáfora dos campos para os anjos, notaremos que pode haver dois campos operando ao mesmo tempo. Por exemplo, o campo eletromagnético age sobre mim; posso ver e ser visto. Ao mesmo tempo, o campo gravitacional age sobre o meu corpo e, por meio dele, me segura ao meu assento para que eu não flutue no ar. Quando um anjo da guarda age sobre uma pessoa, esta pessoa também se encontra no planeta Terra, e um anjo da Terra abrange e atua sobre todo o ambiente dentro do qual essa pessoa e seu anjo da guarda estão agindo. Assim, o sistema de Aquino permitiria que dois anjos trabalhassem no mesmo lugar simultaneamente se fossem entidades de tamanhos e abrangências diferentes.

Como os anjos se movem

Um anjo entra em contato com um determinado lugar pura e simplesmente por meio de seu poder. Portanto, sua movimentação de lugar em lugar pode não ser mais que uma sucessão de distintos contatos de poder; e digo sucessão porque, como vimos, um anjo não pode estar em mais de um lugar ao mesmo tempo. E esses contatos não precisam ser necessariamente contínuos [...] O movimento angélico também pode ser contínuo; mas pode, de outra forma, se estabelecer como uma transferência instantânea de poder de um lugar como um todo para outro lugar como um todo; e, nesse caso, o movimento do anjo será descontínuo.[28] Já vimos que o movimento local de um anjo pode ser contínuo ou descontínuo. Quando contínuo, implica necessariamente a passagem por um local intermediário.[29] Se o movimento de um anjo for descontínuo, ele não atravessará todos os lugares intermediários entre o seu ponto inicial e o final. Esse tipo de movimento – do extremo de um determinado espaço a outro, imediatamente – é possível para um anjo, mas não para um corpo; pois um corpo é medido e contido pelo lugar e, assim, deve obedecer às leis do lugar em seus movimentos. O mesmo não acontece com um anjo: longe de estar subordinado ao lugar e contido por ele, sua substância o domina e o contém. Um anjo pode se aplicar a um determinado lugar como bem entender, passando por outros lugares ou não.[30]

RUPERT: Suponho que uma maneira pela qual um anjo poderia se mover continuamente é agindo sobre algo que esteja em movimento. Por exemplo, se a pessoa sobre a qual o anjo da guarda irá agir está se deslocando, o movimento do anjo será contínuo, tal como o movimento da pessoa é contínuo; e a ação se estenderá de um lugar a outro, e atravessará os lugares que se encontram entre os dois extremos.

Mais interessante é a ideia de movimento descontínuo, na qual um anjo salta do lugar no qual estava agindo para outro sem precisar atravessar os outros lugares que os separam.

Na teoria quântica, entre uma ação e outra, uma entidade como um fóton ou um elétron existe como uma "função de onda", e essa função se espalha pelo espaço como uma distribuição de probabilidade. Não é possível dizer exatamente onde ela está. Essa função de onda só é localizada quando age. A totalidade da onda de probabilidade dispersa colapsa em um determinado ponto. A esse fenômeno dá-se o nome de "colapso da função de onda".

Um dos paradoxos da teoria quântica diz que, se fótons passarem, individualmente, um por vez, por um aparelho com duas fendas, teremos padrões de interferência em um filme fotográfico como se os fótons viajassem como ondas através das duas aberturas, ainda que apenas uma partícula as atravessasse por vez. Essas ondas, então, entram em colapso enquanto o fóton age sobre um determinado ponto prateado no filme fotográfico.

É interessante notar que, na teoria quântica, a função de onda é representada matematicamente por uma fórmula multidimensional; não atua em um espaço tridimensional comum. Quando transita entre os dois pontos onde age, a onda se encontra em uma espécie de espaço imaginário que existe como realidade matemática, mas não como realidade física.

As entidades quânticas, como os fótons, são descontínuas em sua ação. Quando um fóton deixa o Sol, provoca ali uma quantidade de ação; quando atinge algum ponto da Terra e o ilumina, produz outra ação. Mas, entre esses dois extremos, o fóton só pode ser representado por uma função de onda dispersa pelo espaço. Assim que essa partícula age, é possível localizá-la, mas isso não significa que estava previamente situada naquele lugar; mostra apenas que, por meio dessa ação, ela entra em colapso ou se condensa ali. Sua tendência para agir em um lugar ou outro pode ser prevista apenas em termos de probabilidade. O fóton carrega certa dose de indeterminismo ou liberdade.

Por isso, os assuntos com os quais Aquino lida aqui em relação ao movimento dos anjos são similares às ideias estudadas pela teoria quântica acerca do movimento dos fótons e de outras partículas quânticas.

MATTHEW: Isso o surpreende tanto quanto a mim? Digo, estou analisando desde o ponto de vista da história da teologia, e acho simplesmente incrível que o pensamento de Aquino, no século XIII, abordasse as mesmas questões que ocupam hoje os físicos quânticos: continuidade, descontinuidade, ação localizada e aquilo que acontece entre tudo isso. Você ficou surpreso ao se deparar com essas preocupações em um pensador medieval?

RUPERT: Fiquei admirado. Parte do meu interesse nas ideias de Aquino sobre os anjos foi despertada ao notar esses paralelos que, em minha opinião, surgem porque nosso autor está lidando com a mesma questão: como algo não material e indivisível se move e age sobre corpos localizados em lugares específicos?

MATTHEW: Podemos propor muitas respostas para essa pergunta.

É interessante observar que tanto a ação dos fótons quanto a ação dos anjos envolve um elemento de liberdade, mas, no caso dos anjos, Aquino enfatiza a importância da escolha consciente: "Um anjo pode se aplicar a um determinado lugar como bem entender".

O movimento de um anjo é instantâneo?

Um anjo pode se mover em um tempo descontínuo. Ele pode estar agora, aqui e ali, sem intervalo de tempo entre as ações.[31] Quando um anjo se move, o começo e o fim do seu deslocamento não acontecem em dois instantes entre os quais haja qualquer intervalo de tempo; tampouco o começo do seu movimento ocupa o mesmo espaço de tempo que o instante do seu término; mas o começo acontece em um instante e o fim em outro. Entre eles não existe tempo, em absoluto. Digamos, então, que o movimento de um anjo se dá no tempo, mas não da maneira que os movimentos corpóreos se dão.[32]

MATTHEW: Se não me engano, Rupert, essa foi a primeira ideia que o entusiasmou a respeito de anjos e fótons, a de que o tempo não passa quando os anjos se deslocam. E isso também está muito próximo do que pensamos sobre os fótons, não é mesmo?

RUPERT: Sim. Um fóton pode estar em um lugar em determinado instante, como quando a luz parte do Sol; e pode estar em outro lugar em outro instante, como quando a luz do Sol atinge algum ponto na Terra e ilumina-o. Transcorrem cerca de oito minutos, em medida convencional de tempo, entre esses dois instantes. Assim, podemos associar uma velocidade à luz.

Mas, de acordo com a teoria da relatividade – e este foi um dos principais pontos iniciais para Einstein –, na perspectiva do fóton, o tempo não passa. Existe uma conexão instantânea entre a luz que deixa o Sol e a luz que atinge algum ponto na Terra, e o fóton não envelhece.

Acreditamos que, assim, a chamada radiação cósmica de fundo em micro-ondas seja um resíduo de luz do Big Bang, e de fato é uma das principais linhas de evidências da ocorrência dessa explosão primordial cerca de 15 bilhões de anos atrás. Esses fótons são tão antigos quanto qualquer coisa pode ser, mas não se desgastaram, pois são intrinsecamente eternos. Poderíamos usar as palavras de Aquino para descrever o movimento de um fóton: "O começo acontece em um instante e o fim em outro. Entre eles não existe tempo, em absoluto. Digamos, então, que o movimento [de um fóton] se dá no tempo, mas não da maneira que os movimentos corpóreos se dão".

Uma importante característica da teoria da relatividade é que nenhum corpo pode se mover à velocidade da luz, pois, à medida que os corpos se aproximam desse limite, a massa deles aumenta. Na velocidade da luz propriamente dita, a massa deles seria infinita. Por isso, apenas a luz pode se mover à velocidade da luz, e pode fazer isso porque os fótons são desprovidos de massa.

MATTHEW: Essa ideia de que os fótons não envelhecem é muito interessante. Aquino disse que os anjos não envelhecem. Isso pode oferecer uma justificativa limitada para a imagem, especialmente popular no período barroco, dos anjos com feições de bebês. Não existe aí o problema do *senex* negativo nem de um anjo exausto; este é um problema humano, porque somos conectados à massa e ao corpo.

Outra maneira de colocar essa questão é dizer que os anjos vivem no presente eterno. Se não há passagem de tempo para eles quando se movem, não são acometidos pelas investidas do passado e do futuro; eles sempre existem no agora. Isso os torna místicos por excelência, pois o místico em nós também vive no presente.

RUPERT: E os fótons existem em um eterno agora. É interessante lembrar que os anjos são frequentemente descritos como seres de luz; a conexão entre luz e anjos tem sido estabelecida há tempos. Não é mera coincidência encontrarmos, hoje, paralelos notáveis entre os anjos e a natureza da luz.

MATTHEW: Falamos sobre o fóton como partícula e como onda. Talvez haja aqui uma dica a respeito dos anjos: a de que, às vezes, sua atuação é mais parecida com uma onda, e às vezes, sua presença é mais parecida com uma partícula.

RUPERT: O aspecto de onda do fóton tem a ver com a natureza não localizada e seus movimentos. O aspecto de partícula tem a ver com sua ação localizada. Enquanto agem em lugares determinados, os anjos são como partículas; na medida em que são incorpóreos e móveis, se parecem com ondas, vibrações em campos.

Imaginação

> O intelecto em nós é agente e potencial, por causa de sua relação com a imaginação ou com os fantasmas. As formas imaginárias estão para o intelecto potencial como as cores estão para o sentido da visão; e estão para o intelecto agente como as cores estão para a luz. Ora, não há imaginação nos anjos e, portanto, nenhuma razão para dividir seu intelecto dessa maneira.[33]

MATTHEW: Aquino se ocupa aqui do assunto da imaginação humana. Ele utiliza a distinção medieval entre intelecto potencial e intelecto agente ou ativo. O intelecto potencial envolve uma percepção de ideias e conceitos; o intelecto ativo processa as impressões sensoriais inteligíveis que recebemos do mundo material. Juntos, eles traduzem o que entendemos por criatividade ou imaginação.

Ele questiona se os anjos também têm imaginação, e conclui que não. Nossa imaginação nos liga ao conhecimento sensorial, e os anjos não possuem essa habilidade. Para Aquino, a imaginação está entre o conhecimento sensorial e o conhecimento espiritual. Aquelas pessoas dotadas de rica imaginação – podemos chamá-las de tipos criativos ou artistas – são um elo entre o espiritual e o corriqueiro para o restante de nós.

Aquino achava que o modo especificamente humano de compreender incluía o intelecto potencial e o intelecto agente, uma combinação que liga a inteligência à bestialidade. E isso é claramente verdade. Os animais sonham. Meu cachorro poderia acordar com um pesadelo, eventualmente. Os animais também possuem uma espécie de imaginação, pelo menos uma representação sobre suas experiências vividas e suas experiências possíveis.

Uma das razões pelas quais Aquino nega que os anjos tenham imaginação é a concepção de eles viverem inteiramente no agora. A imaginação está intimamente relacionada à memória, ao passado e ao futuro. Aqui reside sua força, mas também sua fragilidade. As pessoas só podem viver a imaginação em uma cultura semelhante à nossa, mesmo que seja vivendo a imaginação de outras pessoas, como os publicitários. A imaginação pode ser uma distração para a vida vivida no aqui e no agora – mas não tem de ser necessariamente assim.

O dom da arte sadia está no fato de ela captar o poder da imaginação e nos trazer de volta ao agora, à profundidade e à verdade daquilo que realmente importa.

Quando Aquino diz que os anjos não têm imaginação, ele na verdade exalta essa dádiva única que temos como seres humanos. Ao mesmo tempo que somos espirituais como os anjos, também somos sensitivos como os animais, e a imaginação é uma ponte que pode nos servir ao longo de nossa trajetória. Podemos percorrê-la com valores espirituais, inteligência e energia, ou podemos permitir que ela nos leve simplesmente aos nossos instintos básicos e a não nos mover além disso.

A imaginação nos diferencia dos anjos; comprova que temos algo que eles não têm. Outra maneira de colocar esta questão é perguntando: os anjos são artistas? Talvez essa seja uma das razões pelas quais eles tradicionalmente compareçam à adoração. Talvez venham ouvir Mozart por não disporem de Mozarts entre eles. Talvez acorram à Catedral de Chartres porque nenhum deles jamais construiu uma obra de tal magnitude. Essa é a tarefa humana. A adoração e o ritual são dádivas da imaginação humana para elevar a energia da sociedade a um grau que atraia a atenção dos anjos, fazendo com que eles fiquem tão interessados quanto nós. Esse é o tipo de dádiva que oferecemos aos anjos, a dádiva da nossa arte, da nossa imaginação.

Os anjos sabem de coisas particulares?

Os anjos nos protegem individualmente, de acordo com as palavras do salmo: "Pois Ele ordenou a seus anjos que guardem você em seus caminhos" (Sl 91,11). [...] Se os anjos não tivessem qualquer conhecimento a respeito das coisas individuais, não poderiam exercer o governo providencial sobre os eventos deste mundo, uma vez que acontecimentos implicam ações individuais [...] administração, governo e causar movimento têm a ver com particularidades existentes no aqui e no agora [...] Tal como o homem conhece os gêneros de todas as coisas por meio de suas faculdades, diferindo-as umas das outras – por meio de seu intelecto, conhece o universal e as coisas desprovidas de matéria; e, por meio de sua sensação, o específico e o corpóreo –, um anjo também conhece ambos os tipos de coisas por meio de um poder intelectual único. Pois assim é a ordem do universo: quanto mais elevado for um ser, mais unificado e, ao mesmo tempo, mais abrangente, é seu poder [...] sendo então a natureza angélica superior à nossa, não faz sentido negar que aquilo que um homem pode saber por meio de uma de suas várias faculdades um anjo pode saber por meio de sua faculdade cognitiva única e intelectual.[34]

MATTHEW: Essa passagem parece relevante para nossa discussão sobre o papel dos anjos em um universo evolucionário. Aquino parece afirmar que, se podemos conhecer o desdobramento histórico dos acontecimentos a partir do senso evolucionário de tempo, certamente os anjos também podem sabê-lo, ainda que de maneira diferente. Em primeiro lugar, saberiam-no intuitivamente, porque é assim que tudo conhecem. Saberiam-no porque faz parte da realidade, e, de alguma forma, os anjos tudo conhecem da realidade, mesmo que não pelo sentido de conhecimento, mas de algum outro modo.

Enquanto nossa espécie concebeu a teoria da natureza evolucionária do universo há um tempo relativamente recente, presumimos que os anjos sempre souberam de coisas que os escolásticos medievais e os Pais da Igreja nunca conheceram a respeito do tamanho, da idade e da natureza evolucionária e criativa do universo. Podemos até dizer que os anjos devem ter ficado frustrados por todos esses séculos, esperando que os seres humanos tomassem consciência de quão criativo é o universo, e como ele o tem sido desde o princípio.

RUPERT: Eu concordo. Acho que essa discussão de Aquino é muito importante. Para desempenhar suas funções de espíritos gerenciadores e anjos da guarda, essas criaturas precisam saber o que realmente se passa no mundo. E elas não têm como sabê-lo por meio de mero pressentimento, uma vez que, pelo menos no caso dos anjos da guarda, eles lidam com seres de vontade própria.

Aqui Aquino seriamente considera as formas pelas quais os anjos interagem com o que poderia acontecer e com o que, de fato, está acontecendo. Ele tem de elaborar seu pensamento observando o fato de eles saberem de tudo diretamente, sem a necessidade do sentido de conhecimento, uma vez que eles não têm sentidos.

Se eu tivesse de tentar criar uma teoria sobre como os anjos poderiam conhecer a realidade de uma maneira direta, sem a mediação dos sentidos físicos, começaria com a possibilidade de que eles, de alguma forma, interagem com os campos organizacionais das coisas. A atividade mental de uma pessoa, o desenvolvimento de uma planta, a formação de um floco de neve, toda a atividade de Gaia – tudo isso está organizado por campos, assim como os átomos e as galáxias. Talvez o anjo pudesse interagir diretamente com esses campos. Se os campos pudessem agir sobre o anjo, e se o anjo vivenciasse diretamente sua natureza e seu estado presente, teria um conhecimento direto daquilo que está acontecendo dentro e ao redor do organismo com o qual estivesse interagindo.

Aquino acredita que isso poderia acontecer por meio de "uma faculdade cognitiva única e intelectual". Ele também comenta a ideia de que, quanto mais elevado for um ser, mais unificado e, ao mesmo tempo, mais abrangente, será seu poder. Um anjo preocupado com nosso planeta teria uma esfera Gaia de ação e um conhecimento unificado do que está acontecendo na Terra. Preocupado com a galáxia, teria um conhecimento do campo galáctico como um todo e de todas as atividades nele contidas. O anjo da guarda de uma pessoa teria um conhecimento unificado e amplo desse ser humano por meio de uma cognição direta dos campos escondidos sob os pensamentos, as ações, as intenções e os relacionamentos dessa pessoa.

Os anjos não apenas sabem, eles agem. Os campos de um organismo agem de acordo com a orientação de seu anjo-guia, e essa ação é a base para o conhecimento direto do anjo no ser e na transformação mais profunda do organismo. Inversamente, o anjo pode agir de acordo com o organismo por meio de seus campos organizacionais, interferindo e conferindo novos padrões à sua atividade.

Dessa maneira, podemos pensar nos campos como a interface por meio da qual os organismos e seus anjos orientadores interagem. Tal interação é essencial se as inteligências angélicas participarem de forma criativa e orientadora no processo evolucionário.

MATTHEW: Como você apontou, quando tratamos de anjos da guarda, lidamos com anjos que trabalham com pessoas de livre-arbítrio. Em outra passagem, Aquino diz que os anjos não conhecem os segredos dos corações humanos – somente Deus os conhece.[35] Assim, eles não interferem em nossas escolhas, e não poderiam fazê-lo mesmo que quisessem, pois essa é uma esfera de conhecimento à qual só Deus tem acesso.

Acho isso importante. Os espíritos não nos ditam ordens, não nos veem como meras criaturas do destino. Eles têm de manter a distância de nossa consciência e de nossa criatividade, por exemplo. Podem ajudar, mas não podem nos privar de nosso poder de escolha.

Mas o que também me vem à mente é a questão do acaso, especialmente do ponto de vista evolucionário. Admitindo que os anjos não têm controle sobre os seres de livre-arbítrio, podemos também perguntar: o que os anjos sabem a respeito das ocorrências do acaso no universo, sobre os acontecimentos aparentemente aleatórios que, de fato, acabam mudando a ordem das coisas?

Os anjos conhecem o futuro?

> O futuro pode ser conhecido de duas maneiras. Primeiro, em suas causas; e assim as coisas futuras, que vêm necessariamente de suas causas, podem ser conhecidas com certeza, por exemplo, o Sol nascerá amanhã. Outras coisas que vêm de suas causas não são, na maioria dos casos, previsíveis com certeza, mas com certa medida de probabilidade, tal como o médico que prognostica a respeito da saúde futura de um paciente. E esse tipo de pressentimento em relação ao futuro é encontrado nos anjos, e em um grau mais elevado do que nos homens, porque eles conhecem as causas das coisas de modo mais extenso e mais perfeito do que nós; assim como um médico pode explicar o curso de uma doença mais seguramente ao analisar suas causas com mais clareza. Mas só em ocasiões relativamente raras – eventos casuais e fortuitos –, os acontecimentos que surgem de suas causas não podem ser conhecidos antecipadamente [...] o futuro, em si mesmo,

não pode ser conhecido por nenhuma mente criada [...] A mente angélica tem seu próprio tempo, que surge de uma sucessão de concepções ocorridas na inteligência; daí Agostinho dizer: "Deus move a criatura espiritual através do tempo". E, por essa sucessão na mente angélica, nem tudo o que acontece no curso total do tempo pode lhe ser simultaneamente presente [...] As coisas que existem no presente têm uma natureza pela qual se assemelham às ideias existentes na mente de um anjo, assim que, por meio dessas ideias, as coisas podem ser por ele conhecidas. Mas as coisas que estão para acontecer ainda não possuem essa natureza pela qual se assemelham às ideias existentes na mente de um anjo; portanto, não podem ser conhecidas por ele.[36]

MATTHEW: Isso limita o conhecimento dos anjos a respeito dos processos evolucionários. Torna relativos seu conhecimento e seu poder.

RUPERT: E a ideia de que existe o tempo nas mentes angélicas também nos ajuda a ver como os anjos podem estar envolvidos na evolução. Se eles tivessem mentes eternas e platônicas, de maneira alguma poderiam estar envolvidos em um cosmo em desenvolvimento; mas, se souberem o que está acontecendo no mundo por meio da interação com as coisas que se encontram sob sua esfera de influência, e se têm uma sucessão de compreensões, essa é a base para o desenvolvimento ou para evolução em suas mentes angélicas. E, por meio dessa consciência em desenvolvimento, desempenham um papel criativo no processo evolucionário.

MATTHEW: É uma ideia estimulante. Até mesmo os anjos evoluem. Embora sejam seres espirituais, suas mentes se desenvolvem. Aquino diz: "as coisas que estão para acontecer ainda não possuem essa natureza pela qual se assemelham às ideias existentes na mente de um anjo; portanto, não podem ser conhecidas por ele". Efetivamente, ele está dizendo que os anjos aprendem.

Os anjos foram criados antes do universo físico?

> Os anjos foram criados antes do universo físico? Nesse ponto, os textos dos Pais da Igreja apresentam duas opiniões. Mas o parecer mais provável é que os anjos e as criaturas corpóreas tenham sido criados simultaneamente [...] parece improvável que Deus, cujos "trabalhos são perfeitos", como lemos no Deuteronômio, criasse os anjos por si próprios antes do resto da criação. Entretanto, o contrário não deveria ser considerado um erro. Os Pais Gregos sustentavam que os anjos foram criados antes do universo corpóreo [...] Se os anjos foram criados antes do universo dos corpos, então, no texto do Gênesis que diz "No princípio, Deus criou o Céu e a Terra", as palavras "No princípio" deveriam ser interpretadas como "No Filho" ou "No princípio dos tempos", mas não como "No princípio, antes que qualquer coisa existisse", a menos que se referisse exclusivamente às coisas corpóreas.[37]

RUPERT: Parece que Aquino acreditava que os anjos foram criados com o universo físico, porque toda a criação estava unida e se inter-relacionava (veja o texto na p. 90). Os anjos têm um papel a desempenhar em relação às coisas corpóreas, e não por si mesmos; portanto, eles não foram uma criação isolada, anterior ao universo físico. Isso faz sentido para mim. As inteligências ou espíritos auxiliadores que organizam as coisas corpóreas surgiram com elas. Em um universo evolucionário, isso significaria que, conforme surgem coisas novas, com elas passam a existir os anjos que as guiam: novos anjos nasceriam à medida que galáxias aparecessem, conforme novas estrelas, novas espécies de plantas e de animais e novas sociedades humanas passassem a existir.

Temos, hoje, uma visão mais ampla da criação do que tinha Aquino, ou certamente do que tinha qualquer pessoa até a revolução cosmológica dos anos 1960. Isso nos daria uma visão muito mais abrangente da criação dos anjos. Novos anjos surgiriam conforme as coisas às quais eles se relacionam fossem criadas, em um processo que se estende ao longo de mais de 15 bilhões de anos de evolução cósmica, e que continua até hoje.

A visão dos Pais Gregos é como a visão convencional na ciência, ou seja, ambas são platônicas. As leis da natureza são vistas como verdades matemáticas eternas existentes além do espaço e do tempo. Já existiam no instante do Big Bang. Não passaram a existir com a evolução do universo, mas precederam-no; elas existiam desde o princípio. Acho que a ideia de Aquino de que os anjos passam a existir junto com os organismos aos quais estão associados faz mais sentido. Da mesma forma, acredito que faz mais sentido pensar nas "leis da natureza" como hábitos em desenvolvimento do que como verdades eternas independentes do universo físico, como se estivessem em uma mente matemática transcendente.

MATTHEW: Se víssemos o universo como algo minúsculo em seu princípio, quantos anjos existiriam? Ah, não! Voltamos àquela questão de quantos anjos poderiam dançar na cabeça de um alfinete.

Conforme o universo se expande em tamanho, isso significa que há mais trabalho para os anjos? Mais espaços, mais seres e mais sistemas complexos que eles poderiam ajudar a governar?

Se a resposta for sim, pode jogar por terra grande parte da teoria de Aquino. Ele acreditava que os anjos eram criados e, depois, se decidiam pelo bem ou pelo mal, e pouca coisa mudou no reino angélico desde então, em termos da qualidade do trabalho que eles executam.

Talvez a nova pré-história seja tão singular que não combine com a ideia de que todos os anjos tenham sido criados de uma vez. Essa ideia, podemos dizer, também é um vestígio de um universo neoplatônico. Como você estava dizendo, conforme surgem novas galáxias e há mais trabalho a fazer, isso significa que novos anjos nascem ou são criados também?

RUPERT: Deve ser assim. A ideia atual de universo sustenta que, conforme ele se expande, resfria, à medida que ele resfria, novas formas de organização e de ordenação surgem dentro dele. No contexto da cosmologia evolucionária, novos anjos apareceriam o tempo todo. Isso significaria que a atividade criativa continuada de Deus incluiria a criação de novos anjos.

MATTHEW: E por que não?

RUPERT: Há também a questão a respeito do que acontece com os anjos quando eles estão ociosos. Os anjos que governavam os dinossauros não têm muito que fazer ultimamente.

MATTHEW: Obviamente eles se reciclam, ou são treinados para governar os seres humanos.

RUPERT: Ou talvez a evolução esteja ocorrendo em outros planetas do universo e eles sejam simplesmente realocados. Os anjos dos dinossauros podem ir instantaneamente para planetas onde os dinossauros estão começando a existir, podendo lá executar um trabalho muito útil.

MATTHEW: Existem dinossauros em outros planetas? Pensei que as espécies fossem um acontecimento único no universo. O que deu origem aos dinossauros foi uma sucessão muito singular de eventos ocorridos neste planeta. Seria muito difícil repeti-los.

RUPERT: Não se houver ressonância mórfica. Os trilhões de estrelas e trilhões de planetas podem se dividir em espécies. As estrelas já estão classificadas em diversas categorias distintas. Pode haver espécies de sistemas solares em toda parte do universo, e os planetas dentro deles também podem se dividir em espécies. Pode haver dezenas, centenas ou mesmo, milhões de planetas divididos em espécies Marte, Júpiter ou espécie Terra. Se forem suficientemente parecidos, haveria ressonância mórfica entre eles. O processo evolucionário na Terra ressonaria com os processos evolucionários em outros planetas da espécie Gaia.

A ascensão dos anjos para um estado de graça e glória

> Temos de entender que a beatitude completa e perfeita pertence por natureza somente a Deus, para quem existir e ser feliz são a mesma e única coisa. Em todas as criaturas, natureza é uma coisa e alegria perfeita é outra – sendo esta alegria o fim último ao qual almeja a natureza.[38] É da essência da beatitude ser aclamada ou confirmada na bondade. Por beatitude nos referimos à máxima perfeição de uma natureza dotada de razão e intelecto: por isso é naturalmente desejada. Todas as coisas têm um desejo natural pela máxima perfeição [...] A beatitude suprema está além de todas as capacidades naturais, e isso nenhum anjo possuiu desde o primeiro momento da existência, pois ela não está inclusa na natureza, mas é um objetivo dela. Portanto, os anjos não poderiam tê-la possuído desde o início.[39] Os anjos precisam da graça para se voltarem a Deus, enquanto ele for o objeto causador da beatitude [...] os anjos nutrem um amor natural por Deus como fonte de sua existência natural; mas estamos falando agora a respeito de uma busca por Deus como fonte da bem-aventurança que consiste em ver sua essência revelada.[40] A graça está a meio caminho entre a natureza e a glória.[41]

MATTHEW: Para mim, a afirmação "É da essência da beatitude ser aclamada ou confirmada na bondade" é especialmente rica porque bondade é outra palavra para bênção. Então, Aquino está dizendo aqui que a beatitude tem a ver com ser demonstrada na bênção, tanto na consciência da bênção como na consciência de ser abençoado e de ser um instrumento de bênção. É assim que a bem-aventurança acontece no mundo.

Dizer que todas as coisas trazem um desejo natural por sua máxima compleição e perfeição, que é a beatitude, é algo típico de Aquino. O desejo é a razão de todas as coisas, e todas as coisas procuram essencialmente sua própria bondade e a bondade do todo, a bondade maior. O bem por trás de toda bondade é a divindade. E é claro que Aquino inclui os anjos nessa cosmologia de bênção e bondade.

Ele vai além quando fala sobre a graça, que, acrescentada a esse desejo natural por Deus, é capaz de ajudar na revelação da essência divina. A graça está firmada na natureza, até mesmo na natureza angélica, que, por si só, não é capaz de experimentar a essência da divindade revelada.

Acredito que o seu entendimento é o de que as criaturas, de qualquer categoria, não são completamente felizes. Existe uma distinção entre a existência delas e a felicidade perfeita. Natureza é uma coisa e alegria perfeita é outra, sendo essa alegria o fim último almejado. Todas as criaturas desejam aumentar sua alegria; ser, existir e viver são processos de propagação de sua experiência de alegria.

Acredito ser uma surpresa ler isso. A maioria das pessoas provavelmente não pensa em Deus como sendo totalmente feliz. Mas o texto mostra a divindade de outra forma: a divindade é a mais alegre. Em outra passagem, Aquino diz: "Deus é o mais feliz e, por esse motivo, é supremamente consciente".[42] Ele une consciência e alegria. E, é claro, Aquino está falando aqui a respeito da imensa alegria dos anjos.

RUPERT: A concepção hindu da suprema consciência divina é descrita como *satchidananda* – ser-conhecimento-alegria, indivisivelmente combinados.

Não está claro para mim como Aquino entende exatamente a alegria, mas você provavelmente já pensou sobre isso, pois escreveu um livro, *Sheer joy*, com base nos escritos dele. Seria a alegria algo que só pode acontecer por meio da participação em algo maior que si mesmo? Se assim for, um anjo ou qualquer criatura teria de ir além de si mesmo para dela participar.

MATTHEW: Sim. Acredito que Aquino colocaria a questão dessa forma. Definitivamente, a alegria nunca é uma experiência particular, mas parte de uma experiência comunitária. Ele diz, inclusive, que "A alegria pura é de Deus e exige companhia".[43] Até a alegria divina busca companhia com a qual possa dividir a alegria, busca o senso de comunhão. Aquino também aborda o tema trinitário, segundo o qual existe alegria comunitária e de grupo no íntimo da divindade. Em seguida, estende essa ideia à criação em si. A comunhão da criação é o receptáculo da alegria divina e, provavelmente, é uma fonte dela também.

RUPERT: Isso torna mais claro o porquê de Aquino achar que os anjos, criados em um estado além de qualquer coisa que possamos imaginar, precisam ir além da própria natureza para alcançar a alegria, e que precisam de graça para isso.

Os anjos foram criados na graça?

Embora a graça se encontre entre a natureza e a glória na ordem ontológica, na ordem do tempo não seria apropriado a uma criatura receber, simultaneamente, a glória e sua natureza. Enquanto a glória, ajudada pela graça, está relacionada às atividades naturais como seu resultado, a graça em si não está relacionada a elas como resultado. Não resulta delas, mas, ao contrário, em certa medida, as atividades naturais resultam da graça, contanto que sejam boas. E esse é o fundamento para pensarmos que a graça foi dada aos anjos junto com a natureza desde o princípio.[44]

MATTHEW: Para mim essa declaração fala sobre o que eu chamaria de graça original, de bênção original. Os anjos seriam mais abençoados do que outras criaturas. Eles receberiam natureza e graça ao mesmo tempo.

RUPERT: Parece que ele está dizendo que o intervalo entre as atividades naturais e a glória tem de ser preenchido pela graça. A graça tem de ser transmitida a partir da glória, e conectar-se com as atividades naturais. As atividades naturais sozinhas não podem alcançar a glória; a glória tem de atingir as atividades naturais, e esse processo envolve a graça.

MATTHEW: Sim. E há outros trechos nos textos de Aquino em que ele fala sobre como a graça e a natureza vêm de Deus. A graça é uma dádiva inteiramente gratuita de Deus, mas também a natureza. Ele é muito cuidadoso para não criar um dualismo entre natureza e graça, como se a natureza fosse inferior e a graça tivesse de ser dela separada. Ele está se afastando da separação entre natureza e graça elaborada por Santo Agostinho, mas não tem a intenção de ser muito explícito a esse respeito. Mestre Eckhart, que surgiu na geração seguinte e se baseou em Aquino, foi suficientemente corajoso e sincero para dizer: "Natureza é graça".

Cada anjo alcançou a beatitude imediatamente após um ato de merecimento?

Cada anjo alcançou a beatitude imediatamente depois de merecê-la com seu primeiro ato de caridade [...] É característico da natureza angélica, e para ela apropriado, atingir sua plenitude natural por meio de um ato simples, e não por um processo gradual [...] É coerente com a natureza do anjo que avance imediatamente para a plenitude da existência a ele apropriada.[45]

MATTHEW: Essa é claramente uma área na qual os anjos diferem dos seres humanos. O anjo teve apenas uma escolha. Como Aquino diz, a escolha foi a da caridade. Aqueles anjos que conhecemos como anjos bons fizeram essa escolha, e a partir desse momento sua natureza foi preenchida por graça e bem-aventurança, por isso eles viveram em plenitude ao longo de toda a sua existência. Isso ajuda a explicar por que eles são repletos de luz e radiância, *doxa* e glória, e por que o encontro com essas criaturas traz felicidade aos seres humanos.

RUPERT: Em outro momento, Aquino fala sobre uma sucessão de estados em um anjo (veja p. 121-122). Aqui, parece que o primeiro passo dado por eles é um ato de caridade que, por meio da graça, os liga à fonte da beatitude ou da felicidade. Daí em diante, permanecem nesse estado, mas ainda conseguem transformar esse conhecimento conforme os acontecimentos assim o exigirem, e podem passar por uma série de estados mentais no momento oportuno. Presume-se que todos seriam iluminados pela beatitude após fazer essa primeira escolha, e que, portanto, transmitiriam essa bem-aventurança.

É apenas por meio do orgulho e da inveja que os anjos podem pecar?

Como pode haver pecado em desejar satisfações espirituais? De uma maneira, apenas: não observando o limite imposto por uma vontade maior que a sua própria. E é esse o pecado do orgulho. Por isso, o primeiro pecado em um anjo só pode ter sido o do orgulho – não se submeter àquele que lhe é superior quando a submissão a ele é devida. Como consequência, porém, os anjos também poderiam pecar pela inveja, pois o mesmo motivo que desperta em ti o desejo por algo o fará detestar o oposto daquilo que desejas. A inveja é exatamente isso, uma pessoa se ressentir do bem-estar da outra, como se isso fosse um obstáculo ao seu próprio bem-estar. E assim aconteceu com o anjo do mal: ele enxergava o bem-estar do outro como um impedimento ao que ele desejava, e isso justamente porque ele desejava uma proeminência sem par, que não mais seria assim se outro também passasse a ser proeminente. Assim, depois do pecado do orgulho, ele também caiu no mal da inveja, detestando o bem-estar da humanidade; e detestando também a majestade de Deus, na medida em que Deus faz uso do homem para aumentar sua própria glória, contra a vontade do demônio.[46]

RUPERT: Aqui, vemos o pecado do orgulho como sendo o único originalmente acessível a um anjo, com a inveja vindo em seguida. Não seria isso que Aquino chama de pecados do espírito? Outros pecados, como a luxúria e a gula, dependem da existência de corpos, por isso até mesmo os demônios seriam imunes a eles.

MATTHEW: Minha opinião é a de que Aquino inclui entre os pecados do espírito a inveja e o orgulho, mas também a avareza, a preguiça, a desesperança e o medo. A menção à inveja aqui é especialmente interessante. O orgulho e a inveja fomentam um ao outro. Ou o orgulho agrava a inveja ou a inveja torna pior o orgulho. Assim como a interconectividade de coisas no universo, existe uma interconectividade de pecados espirituais.

RUPERT: Esse é um tema desenvolvido por John Milton em seu grande poema *Paraíso perdido*. Ele nos oferece uma maravilhosa imagem da queda de Satã por meio do orgulho, e mostra como os outros anjos caídos se especializam em outros vícios – avareza, por exemplo, no caso de Mammon. O tema que Aquino discute aqui é detalhadamente destrinçado por Milton, da maneira mais fascinante.

MATTHEW: Creio que, em nossa época, a palavra *orgulho* seja um problema porque, no que diz respeito às pessoas politicamente oprimidas, é sempre conveniente dizer que seu pecado é o orgulho quando estão tentando se libertar ou alcançar uma certa medida de igualdade ou justiça. Esse abuso da palavra *orgulho* por parte dos poderes institucionais constituídos tem envenenado o termo. Acredito que uma melhor tradução, hoje, seria "arrogância". O orgulho em si é uma virtude enquanto entendido como autoestima. Aquino repete várias vezes ser importante que exista amor-próprio, e que não amar a si mesmo também é um pecado; ele fala, ainda, sobre o amor-próprio dos anjos. Em nosso idioma, a palavra *orgulho* perdeu seu verdadeiro sentido como um pecado do espírito. A palavra *arrogância* faz muito mais sentido.

RUPERT: Eu concordo.

MATTHEW: Visto que a inveja ainda está viva e bem. Não acho que exista um lado bom para a palavra *inveja* como acontece com a palavra *orgulho*.

O demônio desejava ser como Deus?

O demônio desejava se parecer com Deus, no sentido de colocar sua felicidade suprema como um objetivo a ser obtido somente pela força de sua própria natureza, rejeitando a beatitude sobrenatural que depende da graça divina. Ou se, talvez, buscando como seu fim último essa semelhança com Deus, que é uma dádiva da graça, ele desejasse obtê-la por meio de seu próprio poder natural, e não com a ajuda divina em conformidade com a vontade de Deus. Isso estaria de acordo com a visão de Anselmo, de que o demônio desejava aquilo que ele finalmente teria alcançado se tivesse refreado seu desejo.[47]

MATTHEW: Aquino não está criticando o demônio ou quem quer que seja por desejar ser como Deus. Na verdade, ele diz que isso não é pecado. Mas o desejo do demônio de ser como Deus era o de uma divindade "faça-você-mesmo", um desejo de consegui-lo apenas pela força de sua natureza, e não com ajuda divina. O pecado era fazê-lo sozinho, sem querer ser um colaborador de Deus, mesmo no desenvolvimento de sua própria natureza. Era um caso de confiança excessiva em seus próprios poderes para se chegar a um bom termo, mas um desfecho final que não estava ao seu alcance. Houve uma falha na cooperação, uma falha na conexão com o divino.

RUPERT: Suponho que existam muitos paralelos no domínio humano. Um deles é a crença moderna de que a humanidade está acima de qualquer necessidade de conhecer Deus ou a graça, e que pode agora assumir o controle de seu destino e do destino dos planetas. Essa tem sido a visão do humanismo secular, a base da ideologia do progresso por meio da ciência e da tecnologia. Estamos vendo agora a face mais perversa do "progresso", e a fé no humanismo secular está desaparecendo rapidamente. É muito difícil agora acreditar que a razão humana por si só, junto com a ciência e a tecnologia, pode resolver todos os problemas com os quais nos confrontamos e trazer um futuro melhor e mais iluminado. A evidência parece indicar o contrário.

A mais cabal personificação da crença de que podemos confiar apenas em nossos esforços foi o comunismo, cuja ideologia era baseada no controle racional de tudo, incluindo a sociedade humana, a economia e a natureza. O materialismo em sua forma capitalista implica uma fé parecida, só que, em vez de tudo ser controlado pelo planejamento humano, a crença é de que o mercado cuidará de tudo. A fé não é dirigida a Deus, mas ao mercado, a Mammon.

MATTHEW: Tendo atingido a maioridade na Era Moderna, os dois sistemas compartilham a crença no mecanicismo: de alguma forma, se assumíssemos a mecânica capitalista como correta ou o sistema comunista como adequado, a máquina se autolubrificaria e engrenaria de forma bem-sucedida e vantajosa para todos. Claramente isso não aconteceu.

Sob alguns aspectos, a ideia do mecanicismo como um todo se aproxima daquilo que Aquino denominou pecado do demônio. Se tomarmos as frases "somente a força de sua própria natureza [...] seu próprio poder natural" e substituirmos por "somente a força da máquina [...] o poder da própria máquina", isso traduziria a essência das ideias de mercado e de burocracia comunista.

RUPERT: De qualquer modo, o demônio pelo menos reconhecia a existência e a realidade de Deus, enquanto, no secularismo moderno, a plena existência de Deus e da graça é negada ou ignorada.

MATTHEW: Eu diria que, para Karl Marx, muito de sua aspiração teve a ver com a exigência bíblica por justiça, e justiça é um dos nomes divinos. Ele se esforçou para fazer justiça em um momento muito injusto da história, o florescimento da sociedade industrial, com uma excessiva concentração de poder nas mãos de uns poucos proprietários de fábricas e perseguição de trabalhadores. Ele atacava violentamente essa injustiça, que é uma reação profética, bíblica e espiritual. Mas, certamente, a prática de suas teorias no século XX, tal como no estado soviético, não combinava absolutamente com as normas bíblicas de justiça. O fundamentalismo atual ligado ao grande capitalismo é igualmente assustador.

Quando os anjos caíram pela primeira vez?

Em todos os anjos, o primeiro ato de autorreflexão foi bom. Na sequência, porém, alguns continuaram recorrendo à Palavra com louvor, enquanto outros permaneceram ensimesmados, enfatuados pelo orgulho. Assim, o primeiro ato foi comum a todos; foi no segundo que os anjos se separaram. Em um primeiro momento, todos eram bons; em um segundo instante, eles se dividiram entre o bem e o mal.[48]

MATTHEW: É interessante, nessa passagem, como Aquino opõe louvor e orgulho: os anjos bons se voltaram para o louvor, e os maus foram tomados pelo orgulho, permanecendo ensimesmados. O louvor é o ato de não retração em si mesmo; é sair. Chamo de louvor o barulho feito pela alegria. O louvor está relacionado com a alegria e carrega a pessoa para fora de si, transportando-a até mesmo para além de seu próprio sofrimento.

Isso me faz lembrar da pergunta de Mestre Eckhart: "Quem é uma pessoa boa? É aquela que louva boas pessoas". Essa é mais uma razão que faz da inveja parte do pecado do demônio, pois a inveja também é uma recusa ao louvor. É a preocupação de alguém com o próprio desejo por louvor, pretendendo ser louvado à custa do direito alheio ao louvor.

RUPERT: Na sua opinião, leitor, qual o papel dos anjos caídos no mundo não humano? Essa é uma boa pergunta. Existe o mal na natureza não humana? O cosmo todo é bom, exceto pelos anjos caídos e pelas pessoas pecadoras? A atenção de Satã e dos anjos caídos está totalmente voltada para a espécie humana ou eles também têm outras esferas de ação?

Por exemplo, poderíamos esperar encontrar demônios por trás de algumas das coisas horríveis que vemos no reino da biologia?

Pense nas vespas que depositam seus ovos dentro de lagartas vivas e nas larvas que, quando eclodem, consomem a lagarta por dentro. O parasitismo e a doença representam princípios diabólicos?

O câncer, por exemplo, representa uma ultrapassagem dos limites impostos pela ordem superior do organismo. Parte do corpo se torna autônoma e cresce de modo incontrolável, à custa do bem do todo. Seria essa uma expressão do princípio satânico?

Estariam os anjos caídos livremente no universo inventando doenças cada vez mais nefastas e formas cruéis de parasitismo? Ou será que encaramos tudo isso como eventos moralmente neutros, ou mesmo bons a seu próprio modo, com os espíritos malignos entrando em cena apenas no domínio humano?

MATTHEW: E há a questão da existência de outros seres, talvez em outras galáxias. Se eles têm consciência, deveriam ter escolha e, se têm escolha, não estariam sujeitos aos pecados da arrogância e da inveja?

RUPERT: Tudo indica termos de concluir que isso é provável. Na hierarquia ou holarquia da natureza, tudo existe dentro de um nível superior de ordem, com limites à sua autonomia. A tendência de quebrar esses limites deve ser uma "doença ocupacional" desse tipo de universo. Portanto, deveríamos esperar que os mesmos tipos de problemas surgissem em outros seres conscientes, sejam eles humanos ou não.

MATTHEW: Me ocorreram, agora, duas afirmações: uma de Thomas Merton, de que "todas as criaturas que não têm duas pernas são santas"; e outra do rabino Zalman Schachter, de que "existe mais bem do que mal no mundo, mas nem tanto". Aquino e Schachter se mantêm fiéis à tradição bíblica de que há mais graça e bondade do que pecado, mas isso não quer dizer que o pecado não seja real e poderoso.

RUPERT: De acordo com Aquino, os anjos provavelmente foram criados com o universo físico (p. 131), e o segundo momento de sua vida envolveu a escolha entre o bem e o mal. No contexto da cosmologia moderna, a queda dos anjos teria ocorrido muito rapidamente, em seguida ao Big Bang. Os primeiros anjos teriam caído nos primeiros 10^{30} segundos do universo, ou logo depois.

O que têm feito os anjos caídos desde então? Estariam os demônios atrapalhando a formação de galáxias, estrelas e planetas desde o princípio?

MATTHEW: Sendo os demônios tomados pela inveja, sentir-se-iam extremamente invejosos dos anjos responsáveis pela governança desses sistemas vastos, belos e radiantes. Imagine que, se eles fossem absolutamente arrojados, preparar-se-iam para atrapalhar, por inveja, o potencial sucesso dos anjos em fazer deste universo um lugar esplêndido.

RUPERT: Se admitirmos a ideia de que novos anjos são continuamente criados conforme surgem novas galáxias, estrelas, planetas e espécies, consequentemente, em seu segundo instante, se lhes apresentaria a opção de escolher entre o bem e o mal, de acordo com Aquino. Isso significaria, por exemplo, que, se o anjo de uma determinada estrela optasse pelo mal, essa estrela ficaria sob a influência do mal. Na astrologia tradicional, existe a crença de que certas estrelas têm, de fato, aspecto maligno, como Algol, a "estrela do demônio" na constelação de Perseu.

MATTHEW: Tudo faz parte da cosmologia. A Carta aos Efésios diz que nossa luta é "contra os principados e as autoridades, contra os dominadores deste mundo de trevas, contra os espíritos do mal, que habitam as regiões celestes" (Efésios 6,12). Os seres humanos não estão lutando apenas contra sua própria inclinação para o mal, mas contra a inclinação das forças demoníacas para o mal nos Céus.

RUPERT: Isso é muito surpreendente. Crescemos acostumados a pensar nas estrelas, nos planetas e no céu como corpos nem bons nem maus, mas destituídos de sentido, apenas seguindo leis matemáticas impessoais.

Satanás era o maior de todos os anjos antes de cair?

> Em Ezequiel, Satanás é descrito como um querubim [...] Querubim quer dizer "pleno de conhecimento"; serafim, "aquele que arde em chamas" ou que "incendeia". O primeiro nome denota, então, conhecimento, que é compatível com pecado mortal; o segundo, ardor da caridade, que não é compatível com pecado mortal. Essa é uma razão para chamar o primeiro anjo pecador de querubim, e não de serafim.[49] Na Bíblia, os nomes de duas ordens angélicas, Serafins e Tronos, não são designados a demônios, pois dizem respeito a coisas incompatíveis com o pecado mortal: o ardor da caridade e a presença de Deus. Mas os demônios são chamados de Querubins, Potestades e Principados, uma vez que esses termos denotam conhecimento e poder, que se manifestam na esfera do iníquo, assim como na do bem.[50] Se considerarmos o pecado sob o aspecto do motivo, fica claro que, quanto mais notáveis fossem os anjos, maior a probabilidade de eles caírem; como vimos, o pecado diabólico era o orgulho, e a motivação do orgulho é a proeminência na natureza.[51] Como já dissemos, quando o anjo busca um objetivo, seja ele bom ou mau, ele se move com tudo o que existe dentro de si; nada nele o deterá. Por conseguinte, o anjo mais importante, tendo mais poder natural que os anjos inferiores, mergulhou no pecado com igual intensidade. E isso bastou para torná-lo o pior.[52]

MATTHEW: Estou impressionado com essa afirmação a respeito do demônio, de ele ser um querubim com "conhecimento e poder, que se manifestam na esfera do iníquo, assim como na do bem". Na Era Moderna, tem havido uma explosão de conhecimento e poder por parte da humanidade, como na terrível tecnologia militar das armas nucleares e químicas. Penso que poder declarar o conhecimento e o poder como esferas latentes para a energia demoníaca é muito importante.

RUPERT: Isso nos remete à história de Fausto. Sob vários aspectos, o mito faustiano é o mito da ciência. Fausto vende sua alma ao diabo em troca de conhecimento e poder ilimitados.

Desde o início, o empreendimento científico foi dedicado ao conhecimento e ao poder. Mesmo antes da revolução mecanicista no século XVII, Sir Francis Bacon profetizava sobre como a humanidade e a Terra seriam transformadas por um sacerdócio científico devotado ao conhecimento e ao poder. A imagem de Fausto vendendo a alma ao diabo em troca de poder e conhecimento expõe um padrão do arquétipo que fundamenta todo o empreendimento mecanicista.

É claro que, como disse Aquino, o conhecimento e o poder podem ser usados para o bem. Mas se forem somente empregados para servir a fins humanos, sem qualquer senso de poder e graça de Deus, acabarão envolvendo o pecado diabólico da arrogância.

MATTHEW: E o mito tem estabelecido que o conhecimento científico é moralmente neutro. Quando os cientistas vendem seu poder a estabelecimentos militares, governos e empresas químicas, não é preciso ser doutor em ética para suspeitar que esse conhecimento não é moralmente neutro. Como qualquer outro poder, o saber exige disciplina espiritual. Precisa estar relacionado à justiça, à compaixão e à interdependência. Precisamos criar limites para esse tremendo poder de conhecimento que a ciência humana é capaz de gerar.

Outra passagem que me deixou muito sensibilizado foi a seguinte afirmação: "quando o anjo busca um objetivo, seja ele bom ou mau, ele se move com tudo o que existe dentro de si; nada nele o deterá". Achei esse trecho comovente, muito apaixonado. Nada em um anjo o deterá. Se o anjo é uma espécie em si mesmo, ele não tem mãe e pai, avós ou filhos que digam: "Ei, anjo, você está passando dos limites". É verdadeiramente um poder em si mesmo, mergulhando de cabeça em tudo o que há por dentro, com total intensidade. Achei esse parágrafo realmente interessante.

Cultivamos essa noção de que os anjos são seres etéreos que voam por aí, fazem coisas bonitas e se reanimam com belas músicas. Mas aqui temos uma afirmação de Aquino sobre a intensidade, a força e a entrega a uma tarefa, sem abandoná-la. Isso tem um lado positivo. De acordo com Aquino, é assim que os anjos bons agem também. Então, se os anjos estiverem comprometidos com o bom funcionamento do universo, do sistema solar e deste planeta em particular, parece que seria bom tê-los ao nosso lado – genuinamente intensos e compromissados.

RUPERT: Também fiquei surpreso com a ideia de Satanás ser um querubim. Parece bizarro, pois imaginamos os querubins como menininhos de bumbuns rosados aglomerados sobre os retábulos barrocos. Aquino nos lembra de que os querubins são os maiores, mais poderosos e mais assustadores de todos os anjos, nada parecidos com os meninos alados. Ele nos afasta dessas imagens extremamente enganosas.

MATTHEW: Exatamente. Também gosto dessa explicação a respeito de os serafins equivalerem àqueles seres em chamas, àqueles que incendeiam, identificando isso com o ardor da caridade. Eles estão protegidos do fogo por sua real natureza, enquanto os querubins são mais ambíguos. O conhecimento e o poder podem levar ao pecado mortal; a caridade, jamais.

Como os anjos maus ajudam

> Por sua natureza, os anjos estão entre Deus e o homem. Isso porque, no plano da providência divina, o bem dos seres inferiores é alcançado por meio dos seres superiores. E o bem do homem é alcançado de duas maneiras: em primeiro lugar, diretamente, à medida que somos atraídos para o bem e afastados do mal, sendo os anjos bons os agentes adequados nesse processo; e também indiretamente, como quando somos chamados ao exercício da virtude, tendo de enfrentar ataques e superar obstáculos. E é razoável pensar que essa contribuição ao nosso bem-estar deva ser oferecida pelos anjos maus, para que, depois de pecar, não cessem de ter alguma utilidade no universo.[53]

MATTHEW: Aquino está cooptando os anjos maus – o que quer que façam, tornam as coisas melhores. Esta não é uma afirmação meramente abstrata ou teórica, pois, naquele momento de sua vida, quando estava escrevendo a *Suma teológica,* ele enfrentava grande oposição, sendo atacado, por um lado, pelos aristotélicos seculares, os ateístas, se preferir; e, por outro, pelos fundamentalistas, que eram muito eloquentes. Percebo se tratar de uma declaração pessoal dele. Ser atacado e superar a adversidade é um exercício para a virtude, e a virtude, para Aquino, é a base da moralidade. Seu conceito de moralidade não está baseado em mandamentos, mas em virtudes, que significam um desenvolvimento positivo do poder, o poder sadio. Os anjos bons nos apoiam e os anjos maus nos são úteis, pois nos ajudam a consolidar nossos "músculos" virtuosos.

RUPERT: E isso remete à antiga ideia de que cada pessoa tem um anjo bom e um anjo mau. Vemos isso, por exemplo, na peça

Doutor Fausto, de Christopher Marlowe. Enquanto Fausto está decidindo se deve ou não vender sua alma ao diabo, de um lado do palco encontra-se o anjo bom, e do outro, o anjo mau, ambos oferecendo seus conselhos. O anjo mau triunfa. Essa maneira de representar o drama do bem e do mal personaliza-o. Não nos é destinado apenas um anjo bom, mas também um anjo mau, e ambos influenciam a formação de nossas decisões morais.

MATTHEW: Isso levanta a questão do mistério e da sabedoria. Para contrabalancearmos os anjos maus do conhecimento, do poder e da arrogância incessantes, precisamos hoje dos anjos da sabedoria. A sabedoria nunca é anti-intelectual, jamais sufoca o conhecimento, mas o coloca em seu contexto mais amplo de amor e justiça, de serviço e coração; e de sabedoria divina, uma conexão com a divindade.

A perda do mistério na Era Moderna faz parte do lado sombrio do conhecimento que vaga desprevenido, procurando seu lugar de poder, e não a sabedoria. Temos consignado o reducionismo no mistério. Muitas pessoas pensam apenas nas leis científicas que ainda não foram descobertas quando ouvem a palavra *mistério*; veem o mistério como mera lacuna em nosso conhecimento. Mas não é esse o seu significado. Mistério é aquela dimensão da realidade com a qual nos deparamos, mas não modificamos.

Em minha opinião, tudo o que se conecta ao divino é misterioso. Aquino tem uma frase ótima: "Jamais chegaremos a conhecer sequer a essência de uma única mosca". A mosca guarda sua essência. Ele também alude a essa ideia em seu estudo sobre os anjos, quando diz que um anjo não pode conhecer nosso mistério. Mantemos nosso segredo, o segredo de nossa essência.

E, se isso é verdade para uma mosca, para nós ou para um anjo, imagine quão verdadeiro não é para todos os seres em conjunto, para a coletividade inteira do cosmo e, mais ainda, para a fonte de todas as coisas, o mistério divino.

Parte de nosso ser que se desliga da força de Deus na busca por conhecimento, poder e arrogância está se desligando do mistério. Há uma grande tristeza nisso. Viver a vida apenas para resolver problemas pode levar ao distanciamento daquilo que viver a vida realmente significa. A vida tem muito mais a ver com viver no mistério do que com dominá-lo ou apenas resolver problemas.

E, entre os mistérios, encontram-se os anjos, ainda mesmo depois de tudo isso.

RUPERT: Eles estão mais misteriosos que nunca. Na Idade Média, as pessoas acreditavam ter alcançado uma angelologia relativamente resolvida. Elas conheciam as hierarquias e como as diferentes ordens angélicas se encaixavam em sua cosmologia. Adaptavam muito bem sua compreensão dos anjos à cosmologia geocêntrica dominante na época.

Desde então, temos observado muitos séculos ao longo dos quais os anjos têm sido vistos por inúmeros intelectuais como imagens figurativas ou simbólicas, na melhor das hipóteses. Muitas pessoas não acreditam em anjos, sejam eles bons ou maus. Mas, se os anjos caídos existirem de fato, devem estar se divertindo muito. Acredito que os anjos maus podem agir de modo muito efetivo quando ninguém sequer suspeita de que eles estão presentes.

Temos agora uma cosmologia completamente diferente, muito mais vasta e criativa do que tínhamos na Idade Média. Os anjos desse cosmo são certamente muito misteriosos. Mal começamos a entender como seus poderes conscientes podem estar relacionados com a evolução da natureza, com o desenvolvimento da humanidade ou com a expansão da consciência humana. Sabemos quase nada a respeito das inteligências sobre-humanas que influenciam nossas vidas, para o bem e para o mal.

Hildegarda de Bingen

Hildegarda de Bingen (1098-1179) foi uma pessoa extraordinariamente talentosa cuja vida se estendeu por quase todo o século XII, um dos mais criativos do Ocidente. Esse período foi marcado pela construção da Catedral de Chartres, pela criação da universidade e pela introdução de uma nova cosmologia que chegou por meio das traduções islâmicas das obras de Aristóteles. Hildegarda foi abadessa beneditina na região da Renânia, Alemanha, onde ficou famosa por seus escritos (redigiu dez livros sobre temas que variaram da saúde holística a plantas, árvores, rochas e peixes, além de teologia, cosmologia e ciência), por seu poder de cura, por suas pinturas e sua música (compôs, entre outros trabalhos, a primeira ópera do Ocidente, e o canto gregoriano por ela composto é uma obra ímpar). Também era poetisa e letrista de suas composições musicais. Além de mística, Hildegarda era uma profetisa, conclamando os líderes da Igreja à reforma e à renovação, seja por meio de suas cartas, seja por meio de sua prédica, a qual se incumbia de pronunciar nas maiores catedrais e nos mosteiros mais importantes de sua época.

Os anjos desempenharam um importante papel na experiência pessoal de Hildegarda, assim como em sua cosmologia e teologia. De seus escritos, foram selecionados aqui os trechos sobre anjos que julgamos os de maior interesse e os mais representativos de sua angelologia.

Deus como a fonte do fogo angélico

O fogo original, a partir do qual os anjos ardem e vivem, é Deus em si mesmo. Esse fogo é toda a glória da qual o mistério dos mistérios aparece.[1] Os anjos rodeiam Deus em seu fogo incandescente, pois eles são luz viva. Eles não têm asas como os pássaros, mas ainda assim são as chamas que pairam sobre o poder de Deus.[2] Deus é a fonte viva original que emitiu as ondas. Quando Ele disse as palavras "deixe ser", passaram a existir os seres iluminados.[3] A natureza angélica é um abrasamento candente. Os anjos ardem de Deus, que é a raiz do fogo. De parte a parte eles não podem ser expelidos ou extinguidos por ninguém. No amor de Deus, esse fogo arde perenemente.[4]

RUPERT: Hildegarda vê o fogo como a fonte dos anjos, o fogo de Deus. No contexto da cosmogonia moderna, com sua bola de fogo primordial, essa é uma imagem maravilhosa.

MATTHEW: Ela sugere que, assim como a luz foi a primeira criação divina, conforme descrito no primeiro capítulo do Gênesis, esses seres de luz, iluminados, foram gerados no mesmo momento. Como nós fazemos hoje, ela estabelece uma conexão entre os anjos e a sua cosmogonia; e, uma vez que a sua cosmogonia está calcada total e estritamente na Bíblia, ela relaciona a primeira criação com a chegada dos anjos. Sua linguagem é extremamente vívida. Os anjos não passam a existir simplesmente; eles ardem e vivem, segundo ela. Deus é o fogo original. Glória, a *doxa*, é uma palavra para designar a radiância divina.

Os anjos realmente não têm asas como os pássaros, mas são como chamas pairando sobre o poder de Deus. Essa imagem de Hildegarda muda definitivamente a imagem que temos de um anjo.

Luz e espelhamento

[Deus diz:] "Tenho criado espelhos para ver minha própria face, para observar todos os infinitos prodígios por mim originados. Tenho preparado para mim mesmo esses seres-espelho para que participem dos cantos de louvor. Por meio de minha palavra, que estava e está em mim, deixo uma luz poderosa brotando desses inumeráveis anfitriões, os anjos."[5]

E Deus criou a luz, iluminação invisível que adere aos corpos celestes vivos e voadores: os anjos.[6]

Ó anjos, cuja existência jorra de Sua fisionomia. Só vocês vislumbram o poder mais recôndito da criação no qual respira o coração do Pai. Vocês o contemplam como em um semblante.[7]

[Os anjos são] uma luz da qual as esferas da vida dependeriam.[8]

RUPERT: Hildegarda vai além de dizer que os anjos são reflexos ou espelhos; a luz flui abundantemente por meio deles, e as esferas de luz dependem deles. Eles são agora mediadores e também espelhos. De certo modo, são espelhos de mão dupla. São refletidos para Deus. Deus vê a Si Mesmo no espelho dos anjos. Ao mesmo tempo, eles são mediadores, transmitem a luz de Deus aos domínios da vida.

MATTHEW: Quando Hildegarda diz: "Deus criou a luz, iluminação invisível", mostra que esta não é como a luz do Sol, pois o sol ainda não existia. Também em nossa cosmogonia, o Sol, nem de perto, é tão antigo quanto o universo. Geralmente pensamos na luz como aquela oferecida pelo Sol, mas não é essa a ideia que Hildegarda tem da origem da luz, nem é essa a concepção contemporânea. Talvez tenhamos de imaginar um tipo diferente de experiência em relação à luz, que não aquela do Sol, o que é impossível.

RUPERT: Talvez não seja impossível. Por meio da física, conhecemos muitas formas de radiação invisível. A luz visível é uma pequena porção do espectro eletromagnético. Os radioastrônomos detectam ondas de rádio vindas de galáxias distantes. E a radiação cósmica de fundo em micro-ondas pelo universo todo é a luz fóssil proveniente do Big Bang, de acordo com a cosmologia moderna.

A maior parte do espectro eletromagnético é invisível aos nossos olhos devido à limitação de nossa visão. O que é visível tem mais a ver com a natureza dos olhos do que com a natureza da radiação em si. Todas as formas de radiação eletromagnética envolvem os fótons.

Se os anjos são transmissores de luz, visível e invisível, a luz que deles flui inclui a ultravioleta e a infravermelha, os raios cósmicos, as micro-ondas e os raios-X. Eles estão envolvidos no vasto complexo de radiação que interconecta todo o cosmo criativo e que também une a humanidade à Terra por meio de tecnologias eletromagnéticas, como o rádio e a televisão.

Louvor cósmico

> Assim como o raio de sol introduz o Sol, os anjos anunciam Deus por meio de seu louvor, e, assim como o Sol não pode existir sem sua luz, Deus não é nada sem o louvor dos anjos.[9]

> O cosmo todo entoou o cântico dos anjos.[10]

> Com harmonias maravilhosas, os anjos anunciam em cantos elevados a glorificação de Deus. Com júbilo indescritível, os espíritos abençoados por meio do poder de Deus exaltam as maravilhas que ele faz. O cântico de alegria e bênção ressoa pelos Céus.[11]

> A linguagem dos anjos é, simplesmente, puro louvor [...]
> E assim o fogo tem suas chamas e é louvor diante de Deus.
> E o vento move as chamas para louvar a Deus. E na voz vive
> a palavra, e isso também é um louvor a Deus. E uma voz será
> ouvida. E isso também é puro louvor a Deus. Portanto, o
> mundo inteiro é um louvor a Deus.[12]

MATTHEW: É interessante como Hildegarda julga necessário que o louvor exista no universo e, certamente, na divindade. O louvor é uma reação à beleza, à graça, à alegria. Ela diz que o louvor se encontra no coração de Deus. Assim como a luz está para o Sol, o louvor está para Deus.

RUPERT: A linguagem dos anjos é puro louvor. O fogo também é louvor, as chamas tremulantes são louvores. A fala e a audição são louvores. Todas essas imagens de louvor são imagens de movimento: o fogo se move, o vento se move, as línguas se movem, a respiração se move, a audição se move. Nesse louvor há um movimento contrário na direção de Deus, talvez um espelhamento. A energia sai de Deus por meio dos anjos, e esse movimento de volta ao Criador, na forma de louvor, é vibrante, dinâmico e significativo.

MATTHEW: Esses textos também demonstram o contexto cosmológico no qual Hildegarda atua e no qual os anjos operam. Ela diz que "o mundo inteiro é um louvor a Deus", e que "o cosmo todo entoou o cântico dos anjos". Canto e louvor estão surgindo por todo o universo.

Isso nada tem a ver com vozes individuais; diz respeito a uma vibração cósmica, a uma canção cósmica, a ondas cósmicas e ao louvor. Assim como nossos olhos assimilam limitadas porções de luz, presumimos que nossos ouvidos só captem uma parcela limitada do canto. E do fogo, e do vento. A palavra secreta escondida nas coisas oferece um louvor universal e constante a Deus.

RUPERT: Todo esse louvor é compreendido em termos de vibração. O som é vibrante, as chamas que cintilam são vibrantes. Agora, analisamos cientificamente toda a natureza como vibrante. Tudo é rítmico, oscilatório, mesmo na essência do átomo.

Mas em que sentido a atividade vibrante no universo poderia louvar a Deus? E se Deus ouvir o louvor de uma natureza vibrante ou sonora, como ele vai ouvi-lo? Ele não ouve com os ouvidos, mas talvez nossos ouvidos possam fornecer uma analogia. Como funciona a audição? Funciona por ressonância. O tímpano vibra. Ele ressoa com qualquer som que o indivíduo ouvir. Para ouvir o som, temos de ter um modo ressonante de responder.

Isso sugere que o sensório divino, por meio do qual esse louvor é experimentado, deva ser essencialmente ressonante na natureza. Caso contrário, o louvor nas vozes, no som e na vibração não seria ouvido e visto por Deus. E qualquer reação deve envolver ressonância.

MATTHEW: E o que queremos dizer com ressonância, exatamente? Uma passagem para receber vibração?

RUPERT: Não é apenas uma questão de receber vibração, mas também de reagir a ela. A imagem clássica é a da ressonância agradável proveniente de cordas esticadas. Gosto de ouvir a aprazível ressonância dos pianos. Se você levantar a tampa, pressionar o pedal de sustentação e entoar OOO no piano, ele vai devolver o OOO para você. Se você entoar AAA em um piano na mesma nota de antes, o piano devolverá o AAA. Esses sons de vogal se diferenciam em seu padrão de tons harmônicos, e as diferentes cordas respondendo a essas nuanças ressonam para devolver o som de vogal. É como a imagem do espelho transportada para o domínio do som.

Assim como nossos olhos apenas reagem a um espectro limitado de luz, nossos ouvidos respondem apenas a uma escala limitada de frequências, e o mesmo ocorre com os microfones. Mas, se o universo inteiro estiver glorificando a Deus, e se Deus pode ouvir esse louvor, ele deve reagir a essa manifestação, o que implica uma capacidade de ressonar em todas as frequências e em todos os lugares.

MATTHEW: Uma palavra é aquilo que vibra, e também aquilo que revela. Toda criatura está sendo ouvida por Deus e, como você diz, Deus está vibrando com cada criatura. Existe um senso de comunicação e de equidade entre a audição divina e o louvor. Isso sustenta o que diz Hildegarda: "Na voz vive a palavra". A palavra será ouvida. Na Era Moderna, obtivemos êxito ao "antropocentralizar" a palavra "palavra". Na verdade, a "palavra" é bem mais importante e primordial, e rever seu conceito como vibração nos ajuda a "desantropocentralizar" a divindade.

RUPERT: O louvor precisa ser consciente? Os átomos vibram e o sensório divino pode ressoar com a vibração deles, mas seria isso em si uma forma de louvor? Uma vez que os anjos são seres conscientes, presumimos que seu louvor esteja em um nível diferente daquele rendido pelo restante da criação.

MATTHEW: Mas é o que Hildegarda está dizendo, que o fogo louva e que o vento louva. Ela não diz que eles apenas emanam som ou vibração.

RUPERT: Como você compreende isso?

MATTHEW: Os elementos, ao fazerem o que têm de fazer aqui, por serem fiéis a si mesmos, estão louvando porque certamente chegaram a construir algo digno de louvor, qual seja, a beleza, a ordem e o propósito implícito do universo. Talvez exista louvor consciente e inconsciente.

RUPERT: Mas o louvor implica uma percepção consciente daquilo que está sendo louvado. O louvor à beleza implica um entendimento da feiura; louvar a luz implica conhecer a escuridão, e assim por diante. A meu ver, o louvor tem de ter esse elemento de consciência e escolha.

MATTHEW: O dado fundamental aqui é a palavra *escolha*. Saber que existem seres que podem escolher entre louvar e não louvar.

E talvez seja essa a diferença entre aquilo que chamamos os elementos que louvam, os anjos e os seres humanos que louvam. O fogo e o vento talvez louvem inconscientemente, não lhes é permitida a escolha de não louvar. Os seres humanos, por sua vez, são capazes de escolher outras coisas que não o louvor para apreciar a graça e a beleza que os cerca, como o cinismo, a autopiedade e a postura de manter-se excessivamente absorvidos consigo.

Boas ações

> E assim como Deus é louvado pelos anjos, e suas criações são reconhecidas por meio do louvor, pois os anjos fazem soar sua louvação com cítaras, harmonia e todas as vozes de júbilo – porque esta é sua verdadeira função –, Deus também é louvado pela humanidade. Pois os seres humanos cumprem dois propósitos: cantam o louvor a Deus e praticam boas ações. Assim Deus é reconhecido por meio de seu louvor, e por meio das boas ações cada pessoa consegue ver as maravilhas de Deus em si própria.
>
> Então os homens são angélicos por meio de seu louvor (*laus*), e humanos por meio de suas boas ações (*opus*). Mas, como um todo, eles são a obra plena de Deus (*plenum opus Dei*), pois pelo louvor e pelas ações todas as obras de Deus são realizadas para a perfeição por meio desses seres humanos.[13]

MATTHEW: Hildegarda está dizendo que a *via positiva*, que é o louvor, corresponde à metade de nossa tarefa, a qual dividimos com os anjos. A outra metade é a ação. Hildegarda elabora uma imagem muito equilibrada da humanidade. Estamos aqui para louvar e trabalhar, e o melhor trabalho deriva do nosso louvor – a ação decorrente da inação.

RUPERT: Mas não está clara para mim a distinção entre louvor e trabalho. Os anjos não louvam somente; também têm trabalho a fazer: por exemplo, eles são mensageiros. Quando Hildegarda diz que a característica da humanidade é uma vocação para boas ações, isso significa que a escolha entre bem e mal se coloca o tempo todo para os seres humanos? Para os anjos, essa escolha só ocorria no princípio, de acordo com a visão tradicional. Alguns anjos caíram, mas os que não o fizeram nunca perdem sua conexão com Deus. Tudo o que fazem é a serviço de Deus, não apenas louvando-o, mas também convivendo em harmonia entre si. A metáfora musical e, particularmente, o uso da palavra *harmonia*, significam que os anjos não apenas estão ligados a Deus, mas que estão ligados uns aos outros. A harmonia depende da inter-relação.

MATTHEW: Exatamente. Essa é a diferença que Hildegarda vê entre os anjos e os seres humanos. Os anjos fazem uma escolha definitiva pelo louvor, mas os seres humanos têm de fazê-la diariamente. E o louvor é maior que o trabalho, porque é na esfera do louvor que os anjos trabalham. Mas a criatura humana tem de escolher trabalhar. Isso traz implicações para a natureza da criatividade. Os seres humanos são criativos; os anjos, não. Estes fizeram uma única escolha, e só. Nossa criatividade reside na escolha que temos de fazer todos os dias. Temos de lutar para unir nosso trabalho e nossas escolhas com uma consciência de louvor.

Uma maneira de perceber a diferença entre louvor e trabalho é pensar em termos de *via positiva* (que é louvor) e *via transformativa* (que põe o louvor para funcionar por meio de nossa criatividade).

Os anjos se movem tão rapidamente quanto o pensamento

> Os anjos não têm asas como os pássaros, mas voam muito mais rapidamente, na mesma velocidade em que viajam os pensamentos humanos.[14]

RUPERT: Estamos acostumados com a imagem de anjos com asas, e esta é uma representação muito antiga, encontrada em muitas tradições. Existem espíritos alados no xamanismo; no Egito, na Babilônia e na Suméria; no hinduísmo, no budismo e em tradições no mundo todo. Essa concepção está provavelmente relacionada à velocidade e à liberdade de movimento dos pássaros, à sensação de voar que experimentamos em nossos sonhos e à experiência xamânica de voar em transe.

Mas aqui Hildegarda está dizendo que isso é apenas uma imagem; é uma indicação do fato de que os anjos podem se mover muito rapidamente. O voo é a forma mais livre e veloz de movimento. Por isso, as asas dos anjos retratadas em tantos quadros são, na verdade, uma imagem da capacidade de execução de movimentos livres e rápidos. Hildegarda vai além dessa imagem comum: os anjos se movem tão rapidamente quanto o pensamento. Mesmo hoje, esta ainda é a melhor metáfora. Não conhecemos a velocidade com que os pensamentos viajam. Se eu telefonar para alguém na Austrália, posso transmitir um pensamento a essa pessoa com a velocidade da luz. Mas talvez os pensamentos sejam ainda mais rápidos que isso. Se olhar para uma estrela distante, sinto uma sensação de que meus pensamentos se estendem para tocá-la, movendo-se por distâncias literalmente astronômicas com a maior velocidade.

MATTHEW: Ao ouvi-lo falar dessa forma, o sentimento que me toca é o de esperança. Existem seres no universo que podem alcançar as coisas muito rapidamente. E estamos entre eles. Podemos, como você diz, falar e imaginar coisas quase com a mesma velocidade que a luz.

Isso alenta nossa esperança de podermos mudar o pensamento para melhor, e não só para o pior, a uma velocidade que cure nossos corpos e mentes em tempo para louvarmos a vida e o planeta, em vez de destruí-los.

RUPERT: No reino humano, saber se o pensamento consegue ou não se mover à velocidade da luz não é uma questão importante. Você precisaria de instrumentos de medição com a sensibilidade de microssegundos para conseguir detectar se um pensamento transmitido telepaticamente pode alcançar a Austrália antes de uma chamada telefônica. Mas esta se torna uma questão interessante em relação aos anjos no cosmo. Nossa galáxia, por exemplo, está a 100 mil anos-luz, aproximadamente. Então, um pensamento angélico, se movido à velocidade da luz, levaria 100 mil anos para atravessar a galáxia de um extremo ao outro.

MATTHEW: Bem, isso é muito importante. O tamanho expandido do universo, penso eu, aumenta o número de legiões de anjos trabalhando. Sei que, na Suíça, vive uma mulher que sente a presença dos anjos, e ela diz que eles demoram de quatro a cinco dias para chegar lá.

RUPERT: Vêm de onde?

MATTHEW: De onde quer que estejam. Ela os escuta quando estão chegando, eles vêm cantando e ensinam a ela esses cânticos, os quais transcreve, mesmo não tendo formação musical. Mas ela os ouve se aproximando e eles demoram de quatro a cinco dias para chegar.

RUPERT: Se viajassem à velocidade da luz, estariam bem mais limitados. A estrela mais próxima do sistema solar está a quatro anos-luz de distância, e muitas das estrelas que vemos no céu estão distantes centenas de anos-luz. Comunicar-se à velocidade da luz com espíritos ligados a essas estrelas exigiria um tempo muito mais longo do que o tempo de uma vida de um ser humano, e, para as estrelas mais distantes, demandaria mais tempo que toda a história da civilização. Então, se existe qualquer forma de comunicação entre nós e as estrelas e galáxias distantes, ela deve ser mais rápida do que a velocidade da luz.

MATTHEW: Então existem muitos anjos por aí que nunca iremos encontrar nesta vida.

RUPERT: Depende da velocidade do pensamento angélico, que Hildegarda deixa em aberto. E a pergunta, hoje, continua igualmente sem resposta. Não podemos dizer que houve avanços importantes na compreensão do movimento angélico ou da velocidade do pensamento desde a época de Hildegarda.

MATTHEW: Mas houve avanço em termos de tamanho do universo, e por isso a questão tem sido ampliada.

RUPERT: Sim, ela se torna uma questão mais urgente, mais relevante.

Ordem hierárquica

> Pois Deus, o todo-poderoso, dispõe os anfitriões celestes em diversas ordens, conforme a vontade divina. Algumas dessas ordens são designadas para a execução de serviços especiais, mas cada uma delas é designada para ser uma ordem-espelho das insígnias da outra. Em cada um desses reflexos encontram-se mistérios escondidos que cada ordem angélica não pode ver, conhecer, perceber ou realizar completamente. Por essa razão, esperam em expectativa, se elevam de louvor em louvor e assim se renovam continuamente, e seu louvor nunca se esgotará.[15]

RUPERT: A ordem hierárquica dos anjos é um conceito sobre o qual todos aqueles que já escreveram sobre anjos parecem concordar, ainda que divirjam nos detalhes. Assim como Dionísio e Aquino, Hildegarda reconhece as nove ordens, organizadas em círculos concêntricos. Elas se encontram dispostas em uma hierarquia aninhada ou holarquia.

MATTHEW: O que vemos aqui é uma sinopse da palavra *hierarquia* nos textos de Hildegarda. Ela também disse que "Deus é uma roda". A hierarquia aninhada é essencial porque a interdependência é essencial; as várias ordens precisam umas das outras, assim como as partes precisam do todo e o todo precisa das partes em qualquer estrutura. Isso é bom porque traz os anjos para uma esfera natural. Não os transforma em uma regra dentro de si mesmos; em vez disso, parecem seguir os mesmos padrões de interconectividade entre o todo e as partes seguidos pelo restante da natureza.

RUPERT: Teria de ser assim, necessariamente. Não há uma maneira pela qual os anjos possam agir como consciências governantes independentemente da ordem na qual as coisas que eles governam estão organizadas.

MATTHEW: E gosto da frase de Hildegarda a respeito dos mistérios escondidos em cada um desses relacionamentos.

RUPERT: Tais mistérios estão em todos os níveis da ordem holárquica. Por exemplo, existem coisas que uma célula do fígado nunca entenderá sobre o fígado todo; e existem coisas que o fígado não consegue compreender a respeito do organismo todo, como você ou eu.

MATTHEW: Não é verdadeiro supor, também, que o organismo individual nunca poderá compreender tudo a respeito de uma célula?

RUPERT: Sim. Nossa compreensão está relacionada com o nível no qual trabalhamos. Podemos estudar a organização de uma célula por meio da biologia ou da bioquímica celular, mas penetrar uma célula ou discriminar a consciência de uma célula está além de nossa compreensão porque ela funciona de uma maneira completamente diferente. Obviamente, ela não vai falar inglês, não vai se preocupar com os impostos e esse tipo de coisas. Uma célula tem outras preocupações. Não são as mesmas nossas. Entre todos os níveis existe um relacionamento, mas também uma incompreensão mútua.

Um importante aspecto da holarquia dos anjos é a ciência de que há muitos níveis de consciência além do humano. Isso é negado por materialistas e humanistas seculares, que compreendem o conjunto da natureza como um mecanismo cego e inconsciente. Da sopa primordial a vida surgiu, e na plenitude do tempo os mamíferos apareceram, e então a consciência e a razão humanas apareceram. Essa é a única forma de consciência em toda a natureza. Não existe mente divina nem anjos, embora talvez haja humanoides em outros planetas portadores de uma ciência como a nossa. Mas a ideia de níveis ou de ordens de consciência diferentes não está presente na visão secular moderna. Que empobrecimento!

MATTHEW: E muito arrogante e antropocêntrico. E ainda afirmamos que a revolução copernicana nos afastou de um mundo centrado no humano para uma perspectiva objetiva do universo, mas de diversas maneiras o que aconteceu desde então o tornou mais monótono, menos misterioso, menos imaginativo e mais centrado no ser humano que qualquer outra coisa em que nossos ancestrais acreditavam antes de Copérnico.

RUPERT: E é realmente chamado "humanismo", colocando os seres humanos no centro.

MATTHEW: Agora que vemos que o universo é tão vasto, não seria quase tolice pensar que essa parte minúscula da humanidade seja o único ponto de consciência e razão no universo? Não chega a ser quase um absurdo?

RUPERT: Sim. E, mesmo assim, isso geralmente é retratado como um entendimento erudito. De várias maneiras, o Iluminismo restringiu a consciência focando a razão humana, a nossa capacidade muito limitada de compreensão.

MATTHEW: Talvez os humanistas tenham querido dizer que, de fato, somos os únicos a adquirir conhecimento por meio de livros. E talvez estivessem certos. Se os anjos e os espíritos conseguem viajar à velocidade do pensamento, então talvez estejam bem mais inteirados do reino das ideias e não precisem de tantos meios quanto nós para chegar lá.

RUPERT: Exatamente. Eles não precisam da Internet.

Escuridão

[Deus disse:] "Eu, que estou nos lares de todos os cantos do mundo, revelei meu trabalho no Leste, no Sul e no Oeste. Mas a quarta porção, no Norte, deixei vazia; nem o Sol nem a Lua brilham lá. Por isso, nesse lugar, distante das estruturas mundanas, está o inferno, que não tem teto nem chão. É ali onde reinam as trevas, mas essas trevas estão, simultaneamente, a serviço de todas as luzes de minha reputação. Como a luz poderia ser reconhecida senão pela escuridão? E como alguém conheceria a escuridão senão por meio do esplendor radiante de meus servos de luz? Se não fosse assim, então meu poder não seria perfeito; pois nem todos os meus feitos maravilhosos poderiam ser descritos".[16]

RUPERT: Sob diversos pontos de vista, essa é uma passagem fascinante. Primeiro, afirma que a criação da luz necessariamente envolve a criação da escuridão, a separação entre luz e escuridão. E é essa a natureza da luz como a entendemos. A luz envolve uma polaridade de luz e de escuridão. O movimento de onda da luz leva a caminhos alternados de luz e escuridão quando dois feixes de luz interferem um no outro. A luz é formada por ondas. Um lado é luz; o outro, escuridão. E, como Hildegarda diz, a escuridão é necessária para que a luz seja reconhecida. Toda percepção depende do contraste.

Quando ela diz que o espaço vazio estava no Norte, está usando nossa experiência como base de sua metáfora. No hemisfério Norte, o Sol, a Lua e os planetas não brilham no setentrião. Existem estrelas ali, é claro, como a Estrela Polar, mas essa é uma metáfora local baseada em nossa experiência, e não em um princípio absoluto. Na Austrália, por exemplo, uma das características mais desconcertantes é a maneira como o Sol do meio-dia se fixa no norte. Ele nunca brilha ao sul.

O sentido mais profundo dessa metáfora é que, quando olhamos para o céu à noite, além e ao redor de todos os corpos celestes está o negrume. A escuridão é parte substantiva do universo como o conhecemos.

MATTHEW: É revelador o fato de ela situar a discussão a respeito da escuridão no contexto cosmológico dos quatro pontos cardeais. Entre os índios americanos, o norte geralmente representa o estado selvagem; quando alguém reza para os espíritos do norte, roga por força no coração para suportar as longas noites, os ventos bravios e a escuridão. Quando alguém dirige suas orações para o sul, está rezando para o espírito da bondade e da doçura, porque é de lá que vem o Sol.

O quadro que Hildegarda tece do inferno não é aquele do fogo, mas o da gelidez. Como diria Dante um século depois, as profundezas do inferno são gelo, e não fogo. A máxima profundidade é gelo.

Ela não tem medo de olhar para o norte, de procurar no escuro o que ele tem para nos ensinar. E fica claro que o Criador fez os quatro pontos, incluindo a escuridão. Mas a escuridão, segundo Hildegarda, está a serviço de todas as luzes. Portanto, a escuridão serve à luz, e a luz serve à escuridão.

Na tradição teológica, essa é uma celebração da divindade apofática, Deus na escuridão. Isso distingue Hildegarda de muitos pensadores *new age* que, ao que me parece, quase sempre evitam essa dimensão do norte, a dimensão da sombra e da escuridão. Eles costumam ver o mundo de modo dualista, dizendo que a escuridão não é digna de nós, ou que ela é maligna, ou simplesmente que só a luz existe. Na verdade, a escuridão também é um de nossos professores. Os místicos se referem a esse mergulho na escuridão como a *via negativa*.

Hildegarda dignifica o papel importante e positivo desempenhado pela escuridão, fala sobre a escuridão do útero e a escuridão anterior ao nascimento, sobre a gestação em tempos de obscuridade, de dúvida e de espera. Ainda que escuro, o útero é um lugar de fecundidade positiva.

RUPERT: O fato de ela chamar de inferno a escuridão mostra que, a princípio, o inferno não é maligno ou ruim; é simplesmente o reino obscuro. As primeiras concepções de inferno remetiam ao submundo, não é mesmo? Era um lugar escuro, mas não necessariamente ruim.

MATTHEW: Essa é uma ideia bem judaica. O Sheol, assim como o Hades, é mais um lugar de incognoscibilidade do que de punição. Mas Hildegarda diz que ele não tem teto nem chão. Isso quer dizer que ele é infinito?

RUPERT: Presume-se que corresponda à escuridão, à vastidão do espaço.

MATTHEW: E também à vastidão da região escura da alma, onde você sente que não há chão quando mergulha na dor, no sofrimento e no pesar verdadeiros. O pesar não tem chão nem teto. Ele toca o infinito, como se nunca fosse acabar.

Lúcifer

> No primeiro anjo, Deus traçou tudo o que de belo havia nas obras de sua onipotência. Deus o adornou como um céu e como um mundo todo: com todas as estrelas, com a beleza da vegetação e com todos os tipos de pedras preciosas. E ele o chamou Lúcifer, o portador da luz, porque carregava a luz que dele emanava, que por si mesma é eterna.[17]

Lúcifer, mesmo tendo percebido que tinha apenas de servir a Deus com sua bela ornamentação, afastou-se do amor divino e partiu rumo à escuridão, onde começou a falar consigo: "Quão majestoso seria se pudesse agir segundo minha vontade e realizar coisas semelhantes às quais tenho visto apenas Deus fazer?". Seus asseclas concordaram e vociferaram: "Sim, queremos entronar nosso mestre no Norte contra o maior de todos".[18]

O orgulho germinou nesse primeiro anjo quando ele se deu conta da própria radiância, e em sua presunção não mais entendeu a fonte de sua luz. E, então, disse a si mesmo: "Quero ser o mestre, e não admito que exista alguém acima de mim". Em vez disso, aconteceu de sua majestade se esvair e ser apreendida: assim ele se tornou o príncipe do inferno.[19]

MATTHEW: Lúcifer é o primeiro ser criado e parido em sua própria beleza e luz desmedidas. Mas, como um ser de consciência, teve de tomar uma decisão. A decisão de louvar ou não louvar. Como disse Hildegarda, sua arrogância germinou de sua própria radiância e de seu orgulho. Deixou de compreender a fonte de luz e beleza que era.

Hildegarda descreve a escolha de Lúcifer, o seu pecado, como uma recusa ao louvor e como uma recusa a olhar para a fonte de sua beleza. É por isso que prefiro a palavra *arrogância* à palavra *orgulho*. Acho que o ser humano precisa de orgulho; o orgulho é a capacidade de enxergar beleza em si mesmo. Arrogância é uma recusa a ver a origem e a causa da beleza. Penso que arrogância é banir de si próprio a fonte do ser e da existência na luz e na beleza. Isso é absurdo, principalmente em um universo evolucionário, porque somos todos produtos do que veio antes de nós.

Vejo o pecado de Lúcifer, como descrito por Hildegarda, muito mais como algo que antecipa a perversidade humana atualmente. Muito da nossa relutância em nos relacionarmos pacífica, alegre e justamente com outros homens e com outros seres está em nossa recusa a enxergar a fonte comum que compartilhamos.

Colocar o pecado aos pés de uma recusa a observar as origens de alguém é enfatizar a importância capital da história da criação. É daí que vem nossa moralidade. Foi a recusa de Lúcifer a olhar para a sua própria história da criação que transformou seu orgulho saudável em arrogância pecaminosa. Acredito haver aqui uma lição para todos nós. Precisamos de uma história das origens, de um respeito e uma glorificação à fonte para que também não transformemos nosso orgulho saudável em arrogância pecaminosa.

RUPERT: Qualquer parte depende do todo. Tudo depende de uma fonte e de um ambiente mais vastos. E qualquer ser criado depende de seu relacionamento com a fonte e com os demais elementos da criação para a sua existência.

Essa falta de preocupação com o todo, com o ambiente do qual dependemos, também está na raiz de nossos problemas ecológicos. É absoluta arrogância acreditar que podemos possuir e utilizar o que esta terra oferece sem levarmos em consideração a fonte e o contexto de vida mais amplo dentro do qual existimos.

A queda de Lúcifer acontece bem no começo da criação, muito antes do nascimento do restante do universo. Desde o princípio, há essa separação. Talvez isso esteja na natureza das coisas. Assim como a formação da luz implica a formação da escuridão, a formação da consciência com livre-arbítrio deve implicar o exercício desse livre-arbítrio na negação de sua fonte. Apenas quando essa opção é feita é que a polaridade da escolha se materializa.

A origem da consciência, aquela criada por Deus, está na consciência de Lúcifer, o primeiro e o mais esplêndido de todos os anjos.

O exercício desse livre-arbítrio para reclamar autonomia e a recusa em reconhecer a fonte estão na origem da consciência. Esta pode ser a principal polaridade na consciência: louvar ou negar a fonte.

Os primeiros atos da criação, de acordo com o primeiro capítulo do Gênesis, estabeleceram as polaridades fundamentais: antes de mais nada, a polaridade da escuridão e da luz. Segundo Hildegarda, assim como em Dionísio e Aquino, com a luz é criada a consciência dos anjos. Imediatamente depois disso, Lúcifer fez sua opção, e a polaridade foi estabelecida no interior da consciência criada, a polaridade manifesta em arrogância e louvor. A polaridade entre luminosidade e escuridão moral foi o segundo ato na criação.

MATTHEW: Isso é muito parecido com a história de Adão e Eva e o símbolo da árvore do bem e do mal. Com a primeira manifestação da consciência humana deu-se a escolha, e os primeiros seres humanos, assim como Lúcifer, decidiram ignorar a fonte. Mas, diferentemente de Lúcifer, não foi uma única decisão, porque os seres humanos têm muitas, muitas opções. Aprendemos por tentativa e erro.

Sim, acredito que tal como a luz, a primeira coisa criada, contém dentro de si ondas de escuridão, também nosso desejo pelo bem e nossa própria bondade, nossa própria graça divina, trazem dentro de si a disposição inata para a escuridão moral. E essa polaridade parece inevitável, assim como em um universo com luz, a escuridão lhe é intrínseca.

RUPERT: Hildegarda diz que Lúcifer "afastou-se do amor divino e partiu rumo à escuridão, onde começou a falar consigo". Esse movimento em direção à escuridão possibilitou uma diferenciação em sua própria consciência, um diálogo interior. E o diálogo interior incentiva o orgulho e a inveja.

A escuridão já existe. O movimento de Lúcifer rumo à escuridão é o primeiro passo. Logo depois, tem início o diálogo interior.

MATTHEW: E Hildegarda diz que ele começou declarando: "Quero ser o mestre, e não admito que exista alguém acima de mim". Em termos da cosmologia sobre a qual estávamos falando anteriormente, ele se distanciou daquilo que você chama de aninhamento hierárquico, a relação de interdependência entre Deus e o restante da criação. Mais uma vez, esse é um problema bastante atual. Descartes prometeu que nós seríamos mestres da natureza. Nossa "Queda" tem acontecido em termos de nossa deliberada ignorância com respeito aos papéis de interdependência que exercemos com o restante da criação. Thomas Berry chama nosso diálogo conosco de autismo do século XX, nosso isolamento deliberadamente escolhido, nossa inflexível independência, nosso relacionamento mestre/escravo com o restante da natureza e, mesmo, um bloqueio de nossos sentimentos, de nossos corpos e mentes, em vez da abertura para as maravilhas do inter-relacionamento, para o cosmo e para os fulgores de seus muitos seres. Tudo isso parece ser uma repetição do solipsismo e do autismo de Lúcifer.

Inveja

"Toda criação de Deus irradia" – então, ele grita de modo invejoso – "e nada disso será meu!"[20]

RUPERT: Hildegarda imagina os pensamentos de Lúcifer enquanto ele olha para trás, desde a escuridão, para o interior do restante da criação. Agora que está afastado, a inveja entra em cena. Aqui temos uma sequência real na qual o pecado mortal se desenvolve. A arrogância vem em primeiro lugar e é rapidamente seguida pela inveja.

MATTHEW: A arrogância é uma atitude concernente a si mesmo, e a inveja é uma reação aos outros. Ambas estão intimamente relacionadas na medida em que, quando uma pessoa não se vê num contexto de interdependência com a comunidade mais ampla, quer confiscar o que os outros têm. Não há o "dar e receber" que acontece naturalmente em uma comunidade onde prevalece o amor recíproco.

Assemelha-se ao que disse Jesus: "Ame o seu próximo como a si mesmo". Lúcifer está efetivamente dizendo: "Odeie e inveje o seu próximo como detesta a si mesmo", que é exatamente o que a arrogância quer dizer – um desamor, um amor distorcido.

Não há noção de criatividade aqui. Lúcifer não está dizendo "talvez eu possa dividir a beleza das outras criaturas com elas" ou "talvez juntos possamos criar uma nova realidade onde haja o suficiente para todos nós". Ele não tem saída. A criatividade não é uma opção para os anjos como é para nós. Um anjo, sob esse ponto de vista, não é um ser realmente evolucionário. Só tem uma opção a fazer. Todos os outros seres, pelo menos como espécies, se não como indivíduos, estão no processo natural de adaptação, criação e mudança.

O abismo

> Porque Lúcifer e seus sequazes orgulhosamente desdenharam de reconhecer a Deus, a radiância resplandecente com a qual o poder divino o tinha adornado morreu dentro dele. Ele mesmo destruiu sua beleza, o reconhecimento do que poderia tê-lo feito bom. E avidamente ele se arrojou na direção do mal, que o lançou em seu próprio abismo. Dessa maneira, sua majestade eterna foi extinta e ele caiu em perpétua corrupção. As estrelas que sobraram também se tornaram negras, como carvões consumidos. Com seus sedutores, elas foram despojadas da sublime radiância. Foram extintas na perdição sombria, privadas

de toda luz de beatitude, como carvões que carecem da ígnea centelha.

E imediatamente um turbilhão as levou embora, e foram caçadas do Sul ao Norte, atrás dele que se sentava ao trono. Despencaram no abismo e nunca mais serão vistas.

A noiva do vento da impiedade turbilhonou os anjos do mal porque eles quiseram se elevar acima de Deus e derrubá-lo por meio de seu orgulho. Ela os soprou para a amargura da corrupção negra. Ela os levou do Sul e do bem os puxou de volta ao passado. Para Deus, que sobre tudo governa, eles não existem mais.[21]

RUPERT: Essa é uma passagem impressionante a respeito de como os anjos caídos rodopiaram na escuridão. Fiquei intrigado com a maneira como as outras estrelas, os anjos que seguiram Satanás, se tornaram negras. Sua luz simplesmente se apagou. Não podem emitir luz alguma, e adentraram no abismo da escuridão.

Hildegarda nos convida a procurar paralelos cosmológicos ao falar sobre estrelas, e duas formas de escuridão parecem relevantes. Uma é a escuridão do espaço propriamente dito, que é muito frio, escuro e sem radiância. Ficar perdido no espaço interestelar deve ser um destino terrível. Pouca coisa acontece. É um lugar funesto para se estar.

O segundo tipo de escuridão é a dos buracos negros, que são vestígios de estrelas que se colapsaram entre si. Sua atração gravitacional é tão forte que nada pode sair deles, nem mesmo a luz consegue escapar. Os buracos negros nos oferecem uma metáfora moderna para esse estado de ser de uma entidade tão voltada para si mesma, tão atraída por sua própria gravidade, tão fortemente autocentrada que nada pode sair. Tudo o que ela consegue fazer é sugar outras coisas para dentro de si. Um buraco negro é como uma calha no universo, pela qual as coisas entram, mas nada sai. Até onde sabemos, uma vez que as coisas entram ali, deixam de existir. Isso dá uma visão muito mais ilustrativa da perdição, da perda total, do que as imagens antiquadas e comumente aceitas do inferno. Quem gostaria de ser arremessado no abismo de um buraco negro?

MATTHEW: Certo. Não existe possibilidade de a criatividade se manifestar e de uma nova vida aparecer, e é por isso que os anjos caídos não existem mais para Deus, porque Ele está onde há vida. Toda luz de beatitude foi apagada. Não há qualquer centelha de fogo, como diz Hildegarda.

Ela está combinando cosmologia com moralidade. O vento arrancou os anjos caídos do Sul e do bem e os puxou para trás, de volta ao passado. Isso é linguagem apocalíptica; os acontecimentos cosmológicos têm implicações morais e psicológicas. Ela une psique e cosmo.

Como você diz, a atual cosmologia dos buracos negros, assim como a cosmologia dos lugares escuros e frios de Hildegarda, nos oferece metáforas poderosas para nomear não apenas estados morais, mas também experiências psíquicas. Podemos nos afundar nos buracos negros da esterilidade, do desespero, da depressão, da solidão, da alienação.

Sob esse ponto de vista, o inferno não é algo que acontece somente após a morte. Somos puxados para ele ao longo de nossa jornada psíquica, em nossas vidas espirituais. Isso corresponde a uma cosmologia que reconhece a existência de espaços que nem mesmo Deus pode tocar. Estamos falando em três níveis aqui: cosmologia, moralidade e psicologia, a jornada da alma na *via negativa*.

Os seres humanos substituem os anjos caídos

Nesse momento, Deus criou outra forma de vida. Ele despejou essa vida nos corpos e a elevou. Eis que surgem os seres humanos. Agora Deus concede a eles o lugar e a honra dos anjos perdidos para que os homens completem o louvor que os anjos se negaram a prestar. Alguns com essa feição humana são caracterizados pela devoção ao mundo em seus trabalhos corporais, mas em sua sensibilidade espiritual, constantemente servem a Deus. Apesar de seus deveres mundanos, eles nunca se esquecem do serviço espiritual a Deus. E esses rostos estão voltados para o Oriente. É ali que está a origem da transformação sagrada e a fonte da profunda emoção.[22]

Sobre o cume da beatitude, a humanidade deveria soar o cântico de louvor junto com os espíritos celestes. Esses espíritos sempre glorificam a Deus com sua devoção ardente. Quando a humanidade se une, deveria realizar aquilo que os anjos caídos destruíram com sua arrogância. O humano é, consequentemente, o legítimo "décimo" (décimo coro) que completa tudo isso por meio do poder divino.[23]

[Deus disse:] "Concedi o esplendor que o primeiro anjo prestou aos seres humanos – a Adão e sua raça".[24]

MATTHEW: Poderia parecer que a compreensão de Hildegarda a respeito da humanidade é a do esplendor. Essa palavra, esplendor, é uma palavra que inclui *doxa*, glória, radiância, luz – imagens que Hildegarda tem usado para transmitir a beleza e a glória dos anjos.

Hildegarda está dizendo, na verdade, que Deus tomou o esplendor que Lúcifer e seus seguidores deixaram para trás quando se lançaram na escuridão e o entregou à humanidade, o que é um sinal de nossa profunda beleza, mas também de nossa responsabilidade, implicando a ideia de que devemos fazer um trabalho melhor do que o deles. É interessante e surpreendente notar que – jamais vi isso nos textos de outros escritores – ela nos adiciona como o décimo coro.

Nove coros de anjos existem, e então nós, seres humanos, constituímos um décimo coro. Em vários lugares, Hildegarda se refere ao dez como o número de ouro. Então, ela certamente tem uma compreensão grandiosa do poder, da graça e da beleza do ser humano. Ela diz que recebemos "o lugar e a honra dos anjos perdidos".

Ela fala sobre voltar-se para o Oriente, "a origem da transformação sagrada". O Oriente representa o nascer do Sol, a criatividade do novo dia. Mais uma vez, psicologia e cosmologia estão ligadas. Como muitos povos indígenas, Hildegarda não separa a psique humana do cosmo. Nesses dois planos, a extensão de um se compara à extensão do outro. Um está dentro do outro. Em vez de uma psicologia da consciência introspectiva, ela apresenta uma psicologia do micro e do macrocosmo.

Quando ela diz que assumimos o esplendor, o poder e a luz dos anjos maus que caíram na Terra, isso implica admitir que podemos fazer o que eles fizeram. Ou que podemos tomar decisões diferentes. Ela está enfatizando nossa responsabilidade moral.

Comunhão humana com os anjos

> Deus inspirou nos seres humanos um espírito de vida: e então os homens vivos se tornaram carne e sangue. Em seguida, Deus ofereceu aos seres humanos a sociedade dos anjos com seu louvor e seus serviços.[25]
>
> Deus criou o homem com corpo e alma. No interior do corpo, Deus incluiu toda a natureza física e, dentro da alma, incluiu uma imagem do espírito angélico.[26]

MATTHEW: Hildegarda celebra a criação do ser humano como um evento que não apenas inclui um relacionamento entre todas as coisas vivas de carne e osso na Terra, mas que também toma parte da comunidade dos anjos. Além disso, ela diz que Deus traçou todas as criaturas nos seres humanos; em outras palavras, o ser humano é um microcosmo do macrocosmo, e somos interdependentes de todas as outras criaturas. Precisamos delas. E ainda, de acordo com Hildegarda, não estamos ligados apenas às criaturas visíveis, mas também às invisíveis, aos espíritos angélicos. Ela acredita que nossa alma é uma imagem desse espírito angélico.

Tudo isso certamente ressalta a compreensão de Hildegarda a respeito do poder, da radiância e da responsabilidade únicos do ser humano.

RUPERT: Toda a criação, de acordo com a visão tradicional, é mediada e governada pelos anjos. Mas a ideia de que compartilhamos a sociedade dos anjos implica conexões e interações conscientes com eles.

É claro que Hildegarda estava pensando em termos de história bíblica da criação. Mas, se analisarmos isso no contexto da evolução, observaremos que uma das mais importantes e misteriosas etapas no processo evolucionário é o surgimento da consciência humana. Não fazemos ideia de como nem de quando aconteceu. Tampouco sabemos o que é, apesar de toda a neurofisiologia que tem sido pesquisada nas últimas décadas.

A partir de um registro fóssil vemos uma série de esqueletos e crânios humanos ou quase humanos de 1 ou 2 milhões de anos. Chegamos a encontrar alguns ainda mais antigos. Mas essas criaturas falavam? Não sabemos. Algumas pessoas acreditam que a linguagem só surgiu cerca de 50 mil anos atrás. Outras acham que é ainda mais antiga. O que nossos ancestrais mais remotos faziam, o que pensavam, o que queriam? Não temos a menor ideia.

Mas alguma coisa obviamente aconteceu, um salto criativo. E esse salto é compreendido nas sociedades tradicionais como a comunhão dos seres humanos com os espíritos. Todas as sociedades caçadoras e coletoras tradicionais acreditam que as pessoas, especialmente os xamãs, podem se comunicar com os ancestrais, com os espíritos animais e com uma variedade de outras entidades espirituais, algumas das quais são espíritos voadores. Encontramos essas tradições em todos os lugares do mundo.

Teria o salto criativo na consciência humana acontecido quando havia, de fato, um contato consciente entre seres humanos e espíritos não humanos? Talvez tenha realmente havido um encontro dos seres humanos com o reino dos anjos. Talvez essa sociedade com os anjos seja exatamente o que levou à evolução da consciência humana como a conhecemos.

Toda tradição tem mitos da criação nos quais várias atividades humanas – o uso do fogo, de ferramentas, a música, a dança, a linguagem, a cultura – são iniciadas por deuses, heróis ou seres espirituais. Todos os mitos abordam uma explosão do poder criativo a partir de outra dimensão, de um reino de espíritos. Algumas pessoas hoje interpretam esses mitos sob uma perspectiva extraordinariamente literal, em termos de seres extraterrestres vindos para nos guiar, sejam eles OVNIs ou outra coisa do gênero. Mas o papel dos seres sobre-humanos é tão universal nos mitos que me parece realmente ter havido, na evolução da consciência humana, uma série de saltos criativos que envolveram contatos com inteligências angélicas.

Meu amigo Terence McKenna se interessa muito pelo papel do psicodelismo no xamanismo. Ele acredita que, em muitas experiências psicodélicas, ocorre um encontro com espíritos, com mentes não humanas, e uma das coisas que eles fazem é transmitir informações. Em seu livro *O alimento dos deuses*, ele argumenta que a abertura da consciência por meio da experiência psicodélica – e, uma vez nessa dimensão, o contato estabelecido com outras entidades conscientes – é uma chave para entender as origens e a evolução da consciência humana.

Nem todos concordam integralmente com ele quanto à ênfase dada às drogas psicodélicas, mas não há dúvida de que são usadas em muitas culturas. Mas os estados visionários também podem emergir de diversas outras maneiras.

Acho que essa passagem do texto de Hildegarda tem algo muito importante para nos dizer hoje. Em minha concepção, essa conexão entre seres humanos e anjos é uma hipótese tão boa quanto outra qualquer, e melhor do que a maioria delas.

MATTHEW: A palavra *sociedade* à qual você se referiu também implica algum tipo de igualdade. Nos ensinamentos de Hildegarda a respeito de seres humanos e de anjos, há um tipo de comunicação e de equidade compartilhadas. Se, como você diz, isso aconteceu no passado por meio de saltos da consciência, da linguagem, da cultura e da arte, por que não poderia acontecer agora também? Uma sociedade que abrigue todos esses espíritos é mais necessária agora do que nunca.

Quanto às experiências psicodélicas, proporia apenas que, como você ressalta, existem muitos outros meios que nos levam a estados visionários. Práticas como jejum, cânticos, meditação e a tenda do suor (ver p. 46), além de dança e adoração (ao menos a adoração *deveria* levar a estados visionários) – tudo isso deveria ser acessível a todas as pessoas.

RUPERT: Outra implicação dos ensinamentos de Hildegarda é de que os seres humanos são únicos entre as criaturas na Terra por causa de sua comunhão consciente com os anjos. Portanto, eles têm um papel especial a desempenhar como intermediários entre o reino do espírito e os reinos biológico e terrestre.

Os anjos ficam maravilhados conosco

> Todos os anjos ficam maravilhados com os seres humanos, os quais, por meio de suas ações sagradas, parecem vestidos com um traje incrivelmente belo.[27]

Pois o anjo sem o trabalho da carne é simplesmente louvor; mas os seres humanos, com suas ações físicas, são uma glorificação: portanto, os anjos louvam o trabalho humano.[28]

MATTHEW: Acho que essas frases estão entre as mais extraordinárias de toda a angelologia de Hildegarda. Quando a maioria das pessoas pensa nos anjos – se é que pensa neles –, sente-se maravilhada e se julga inferior a eles.

Mas aqui Hildegarda está dizendo que os anjos se maravilham conosco. Quanta dignidade e orgulho sadio são dispensados à nossa espécie! E por que eles ficam maravilhados conosco? Por causa de nossas ações sagradas. Os anjos escolhem apenas uma vez. Mas nós, com nossa criatividade constante, tão completamente inteirados dos hábitos evolucionários do universo, ainda estamos frequentemente nos descobrindo, deliberada e conscientemente, por opção. Note que Hildegarda afirma que nossas ações, nossas escolhas, deixam os anjos impressionados. Isso é maravilhoso.

E, então, ela diz que o anjo é simplesmente louvor, mas que o ser humano é uma glorificação. Essa é mais uma razão pela qual os anjos louvam os trabalhos da humanidade. Mais uma vez ela está enobrecendo a matéria, está dignificando a carne. De certo modo, ela está dizendo que a vida dos anjos, em comparação com a nossa, é bem mais tediosa. É simplesmente louvor, previsível, enquanto a nossa está sempre trazendo coisas novas ao mundo, até mesmo louvor aos anjos.

Somos uma espécie incomum. Frequentemente vemos o lado sombrio de nosso ser. Somos uma ponte entre o mundo material e o espiritual, e isso nos desanima. Falhamos gravemente nos dois mundos! Mas aqui Hildegarda enaltece essa experiência única da parte de Deus, de sermos corpo e espírito. Ela está dizendo que somos maravilhosos, fascinantes, que somos dignos do louvor dos anjos.

Creio que isso exije profunda meditação, pois nos ajudaria a resgatar nossa dignidade, e, quando fizermos isso, começaremos a agir melhor.

Os anjos louvam as boas ações da humanidade

> Os anjos elevam as vozes a Deus em louvor às boas ações da humanidade. Louvam sem cessar o contínuo crescimento das boas ações da espécie humana. Sobem ao altar de ouro que se encontra perante o semblante de Deus. E doravante entoam um novo cântico para honrar esses trabalhos.[29]

MATTHEW: Acredito que, no entender de Hildegarda, a humanidade representa uma nova canção para o universo, uma nova canção para esses seres vibrantes e musicais que são os anjos. Nós os inspiramos a entoar um novo cântico simplesmente para nos receber, para honrar nossos trabalhos.

RUPERT: Isso significa que, cantando essa nova canção, modificamos a consciência celestial. A consciência de Deus e o universo todo são mudados pela evolução humana. Nós geralmente pensamos a evolução humana como um evento totalmente providencial aqui na Terra. Os seres humanos podem ir à Lua, foguetes podem chegar a Marte, a Vênus e a outros planetas, mas não ultrapassamos nosso sistema solar. Não há nada que já tenhamos feito que vá fisicamente além, exceto, talvez, ondas de rádio muito fracas. A influência das ações humanas no contexto da cosmologia moderna é muito limitada.

Mas Hildegarda oferece uma perspectiva muito diferente. "Todos os anjos ficam maravilhados com os seres humanos" (veja p. 181-182). Sua canção nova, inspirada nas ações humanas, é cantada para Deus. Isso implica um efeito cósmico na humanidade. A forma como agem os humanos na Terra faz diferença para os espíritos conscientes de todo o universo, e este é certamente um pensamento muito importante.

MATTHEW: Um pensamento muito otimista e esperançoso, e que reflete orgulho. Um pensamento expansivo. Como diz Aquino: "Quando sua mente se expande, a alegria chega". E com ela vem a capacitação. Muito do desabono experimentado por nossa cultura nos últimos séculos pode ser lavado, purificado, limpo por uma notícia como essa. Se os seres humanos soubessem que seres bons, belos e poderosos velavam por nós, talvez levantassem a cabeça e se percebessem mais bonitos. Seríamos inspirados a fazer jus à nossa dignidade.

A linguagem dos anjos

> O Deus onipresente falou a Adão na língua dos anjos, pois Adão conhecia bem sua linguagem e poderia entendê-la. Por meio da razão que Deus dera a ele e pelo espírito dos profetas talentosos, Adão obteve o conhecimento de todas as línguas que mais tarde seriam inventadas pelos homens.[30]

RUPERT: Esse trecho diz que a comunicação entre Deus e Adão era realizada por meio da linguagem angélica. Adão, antes de pecar, estava em total comunhão com o reino dos anjos, uma comunhão interrompida pela Queda.

O primeiro ser humano não apenas se conectou com os espíritos angélicos e compreendeu sua forma de comunicação, mas desempenhou um papel fundamental na origem da linguagem humana. Adão falava o protótipo de todos os idiomas humanos, a linguagem primordial que se desenvolveu para depois formar todas as outras. De acordo com o Gênesis, Adão foi convidado por Deus para nomear todas as criaturas vivas, e foi o que ele fez. O primeiro idioma humano surgiu integralmente da consciência da linguagem dos anjos, e também em total consciência de como ela pressupôs todos os idiomas humanos subsequentes.

Do ponto de vista científico, não se sabe como a linguagem surgiu e se desenvolveu. É um dos grandes mistérios. Não há como desencavar fósseis de linguagem. É possível recuperar objetos sólidos e resistentes, como ossos e pontas de flechas de sílex. Não sabemos nada a respeito dos sons que as pessoas emitiam quando a primeira linguagem surgiu. Tampouco sabemos se as linguagens humanas surgiram de um único evento criativo ou se foram várias e independentes as origens dos idiomas.

Alguns linguistas, como Noam Chomsky, acreditam que todas as línguas humanas participam de um arquétipo gramatical comum, uma gramática universal. Existe uma base comum para a linguagem humana, e isso implicaria aceitar uma origem comum para todas as línguas.

Hildegarda levanta todas essas questões nesse breve comentário, questões que ainda são importantes para nós até hoje.

MATTHEW: Quando ouço você falar sobre a nomeação dos animais, tal como é reportada na história bíblica da criação, penso nas recentes descobertas de cavernas ao sul da França. Povos de 25 mil anos atrás estavam dando nomes, em pinturas, a cavalos, antílopes, leões. Nomear é algo que tem a ver com classificação, ou com pesquisar famílias. E essa habilidade de perceber e nomear grupos afins parece ser um poder especial de nossa espécie. É claro que o distorcemos quando nos tornamos excessivamente etnocêntricos. Mas é um avanço espiritual, pelo que me parece, ser capaz de dignificar a diversidade e similaridade das coisas.

Quando falamos a respeito de linguagem, me parece que o assunto deveria incluir pintura, escultura e produção de imagens. Esse tema remete ao que Jung denominou inconsciência e arquétipos coletivos, símbolos e metáforas comuns que vão e voltam. O que pode ajudar a explicar por que, nas tradições espirituais, tantas metáforas são iguais em essência. As metáforas de luz, fogo e escuridão parecem implicar uma linguagem e uma experiência comuns, uma experiência profunda compartilhada.

Linguagem humana

> Os anjos, que são espíritos, não podem falar com uma linguagem compreensível. A linguagem é, portanto, um desígnio específico para a humanidade.[31]

MATTHEW: Acho que Hildegarda faz uma distinção entre a comunicação expressa por um espírito puro e vibrante e nossa experiência de linguagem aqui na Terra. Ela louva nossa capacidade de nos comunicarmos por meio de uma linguagem compreensível, o que ela chama de desígnio específico para a humanidade. Mais uma vez, ela ressalta as implicações de nosso espírito e de nossa matéria. Na linguagem, nós unimos o poder dessas duas dimensões. Quaisquer animais terrestres conseguem se expressar e se comunicar, mas ela nos dá a entender que essa é uma riqueza ligada à capacidade humana, e uma responsabilidade sagrada para honrar a palavra e torná-la verdadeiramente sincera e compreensível.

Ela está nos apartando dos anjos. Os anjos podem ter nos alertado, aberto nossas mentes para o nível de consciência que inclui a linguagem, mas apenas o ser humano poderia levá-la adiante. Os anjos são espíritos, e sua linguagem é, consequentemente, bem mais universal que a nossa.

RUPERT: Pode ser mais universal que a nossa no sentido de que eles cantam. Mas pode ser menos preocupada com a comunicação do que a nossa. A linguagem compreensível é a base da cultura humana, e a cultura humana é evolucionária. É provável que os anjos não estejam tão interessados por cultura como nós, mas estão principalmente ocupados com o louvor e com a harmonia. Essa é mais uma razão para os anjos se sentirem maravilhados com o que fazem os seres humanos.

Anjos da guarda

> Porque Deus determinara aos anjos que dessem assistência aos seres humanos no campo da proteção, também os tornou parte da comunidade humana.[32]
>
> Do Deus todo-poderoso provêm poderes múltiplos, intensos, majestosa e divinamente iluminados. Esses poderes afluem para ajudar e amparar aqueles que verdadeiramente temem a Deus e aqueles que amam com lealdade em sua pobreza de espírito, e para envolver essas pessoas com o brilho suave de seu trabalho.[33]

RUPERT: Hildegarda tem falado sobre os anjos louvando Deus e sobre os seres humanos participando na comunidade do louvor com os anjos. Agora, ela fala sobre o papel protetor dos anjos: defender as pessoas e ampará-las. Mas ela lembra que esse apoio é condicional. Eles ajudam aqueles que temem a Deus e que são receptivos ao espírito divino. Mas os anjos não parecem capazes ou muito dispostos a proteger as pessoas que não estão abertas para o amor de Deus.

MATTHEW: Sim. Isso traz de volta a questão do relacionamento entre o ser humano e os espíritos – é dando que se recebe, e os seres humanos não estão aqui apenas para receber. Talvez seja por isso que Hildegarda diz que, ao nos proteger, Deus se torna parte da comunidade humana; e a comunidade inclui a dimensão da igualdade, o dar e o receber no relacionamento. Também ajuda a explicar por que algumas pessoas parecem levar vidas que não são tocadas pelos anjos.

RUPERT: Podem ser tocadas por anjos maus. Há uma longa tradição judaica, cristã e islâmica que diz que cada um de nós tem dois anjos: um bom e um mau. Os anjos da guarda têm suas sombras. Aquelas pessoas que não estão intimamente abertas para o espírito de Deus e para a ajuda do anjo da guarda estão sujeitas à influência do anjo mau. Em vez de se tornarem imunes à influência angélica, caem na esfera de ação do tipo negativo de influência.

MATTHEW: Em aliança com potestades e principados caídos. Mas causa espanto notar que, embora haja nas doutrinas judaica e muçulmana a referência ao fato de termos um anjo da guarda de um lado, e um anjo demoníaco de outro, até onde eu saiba, isso não seja mencionado nos textos de Hildegarda.

Os anjos ajudam aqueles que chamam por Deus

> Se um ser humano apenas sussurra o nome de seu pai, Deus, Este o chama de volta ao comportamento adequado, e a proteção dos anjos se apressa em estar ao lado do ser humano para que ele não seja mais prejudicado por seu inimigo.[34]

MATTHEW: Hildegarda parece dizer que, se nós simplesmente chamarmos por Deus, os anjos correrão para nos proteger. Mas, se os anjos têm de se apressar para tanto, isso quer dizer que eles não estão exatamente sentados sobre nossos ombros. Mas talvez seja uma questão de minuto. É nossa oração e nosso chamamento por Deus que atraem, em um primeiro momento, os anjos para nossa esfera de interesses, e, desse modo, eles desempenham seu papel de guardiões, de protetores.

RUPERT: É interessante notar que aqui Hildegarda fala de anjos no plural, em vez de se referir apenas a um anjo da guarda individual, o que ela não menciona diretamente.

Não está claro para mim o tipo de proteção que esses anjos proporcionam. Quando ela diz "para que ele não seja mais prejudicado por seu inimigo", quer dizer inimigo no sentido dos anjos maus, do perigo moral ou se refere ao dano causado por um inimigo físico? Por exemplo, se as pessoas se envolvem em uma luta, os anjos se apressarão a protegê-las de um inimigo humano?

MATTHEW: Ela diz: "Este [Deus] o chama de volta [o ser humano] ao comportamento adequado". Isso significa que ela se refere especialmente à investida dos inimigos morais.

Consciência

> A boa consciência de uma pessoa denota os poderes angélicos de luta que louvam e servem a Deus. Mas a má consciência desvela o poder do Criador, pois ela ataca Deus, e isso expulsou os primeiros habitantes do Paraíso. Essa é a condição geral do poder decisório comum a todos os seres humanos. Aqueles que decidem as coisas e agem com boa consciência expressam a bondade divina, mas aqueles que agem segundo a má consciência acabam provando do poder de Deus.[35]

RUPERT: A distinção aqui está entre a boa e a má consciência, e a má consciência encontra-se, presumidamente, sob a influência dos anjos caídos. A consciência não é simplesmente um aspecto da consciência individual, mas está aberta aos poderes angélicos, ao bem e ao mal, que a influenciam. Nossa consciência é um campo de batalha, parte do campo de batalha mais amplo onde combatem os anjos bons e os anjos maus.

MATTHEW: Sim. Vejo que Hildegarda concentra sua atenção no processo de tomada de decisão, que também tem tudo a ver com a nossa criatividade. Podemos usar nossa criatividade em comum acordo com os anjos bons ou com os espíritos demoníacos.

Aquino compreende a consciência como sendo essencialmente as decisões que tomamos, relacionadas à dimensão da razão. Durante a Era Moderna, a ênfase dada ao individualismo significou que, para muitas pessoas, a consciência se tornou um tipo de fantasma no sistema, sussurrando em nosso ouvido o que é certo. Em outras palavras, a consciência estava localizada exclusivamente no reino do subjetivo. Mas hoje, nós, como espécie, estamos enfrentando muitas questões de consciência: hábitos alimentares; nosso relacionamento com as gerações futuras e com a superfície terrestre, as florestas, as águas; o relacionamento entre os povos do hemisfério Norte e do hemisfério Sul, entre ricos e pobres. Isso pode ser qualquer coisa, exceto algo individual ou subjetivo. Tem a ver com a sobrevivência da comunidade, da sociedade e da Terra tal como nós as conhecemos. Nossa compreensão da consciência tem de reivindicar essa dimensão da tomada de decisão em torno do bem comum. E a sociedade, na visão de Hildegarda, inclui os poderes angélicos. Nossas decisões não são apenas privadas ou pessoais, mas têm a ver com a luta cósmica entre o bem e o mal.

RUPERT: A discussão de Hildegarda sobre os anjos da guarda diz respeito, principalmente, à dimensão moral, e não parece ter muita relação com todas essas histórias contemporâneas de anjos que ajudam as pessoas em emergências, manifestando-se frequentemente em corpos humanos, oferecendo ajuda em momentos de perigo.

MATTHEW: Eu concordo. Muitas pessoas de nossa época parecem viver uma experiência de autoproteção com os anjos. Hildegarda está mais interessada na esfera moral da proteção. Poderia isso refletir certo narcisismo por parte de nossa cultura, em que pensamos ser a morte ou o ferimento físico a pior coisa que pode nos acontecer? A tradição diz que as piores coisas são a morte moral e a corrupção espiritual. Hildegarda está nos desafiando a pensar mais em termos de sociedade, de sua necessidade por suporte moral, por coragem e sabedoria. Essas são as questões reais da sobrevivência com as quais os anjos se ocupam mais apaixonadamente, mais do que a mera sobrevivência do indivíduo.

RUPERT: Talvez as manifestações angélicas relatadas em tantos livros recentes, ainda que, em muitos casos, digam respeito à sobrevivência física, possam representar uma maneira pela qual os anjos também estão ajudando moralmente. Essas ações de ajuda física podem – e eu acho que, em muitos casos, o fazem – despertar as pessoas para a existência de outra dimensão, uma dimensão oculta da vida.

Hildegarda não viveu em uma sociedade laica dominada por filosofias ateístas e seculares. Ela viveu em uma época de imensa fé, quando se construíam notáveis catedrais góticas por toda a Europa. O poder invisível de Deus, dos anjos e dos santos realmente fazia parte de um consenso. Nem todos estavam abertos para o reino espiritual, mas sua existência não era questionada.

Hoje, a efetiva existência de uma dimensão espiritual é colocada em dúvida. Talvez em nossa época os anjos possam ajudar por meio de manifestações físicas, práticas, a fim de nos despertar para a realidade das inteligências sobre-humanas.

Os seres humanos não conseguem enxergar os anjos em sua verdadeira forma

> Os três anjos que apareceram a Abraão enquanto ele estava sentado na entrada de sua tenda mostraram-se sob a forma

humana, pois os seres humanos não podem, de maneira alguma, ver os anjos em sua verdadeira forma. Por causa de suas formas modificáveis, os seres humanos são incapazes de enxergar um espírito inalterável.[36]

MATTHEW: Hildegarda coloca a questão de forma contundente: "os seres humanos não podem, de maneira alguma, ver os anjos em sua verdadeira forma". Todos os quadros maravilhosos de anjos que conhecemos, como os que retratam a Anunciação ou a Natividade, fazem com que nos perguntemos sobre a forma assumida por esses seres.

As experiências que tenho vivido rezando com povos indígenas são de espíritos que se aproximam como luz, como vento ou como som. Hildegarda não está dizendo que os anjos têm necessariamente de se apresentar sob a forma humana; eles apenas não se manifestam em sua forma totalmente verdadeira. Não os vivenciamos assim. Acho que é uma questão de deixar a mente aberta.

RUPERT: Há paralelos na literatura sobre OVNIs. Existem reiterados relatórios sobre OVNIs e visitantes alienígenas, que tendem a ser encarados como fenômenos pertencentes ao imaginário da ficção científica. É possível que alguns deles sejam manifestações angélicas de um tipo ou de outro. Pode ser que os anjos sintam que, manifestando-se como OVNIs, venham a se comunicar melhor com algumas pessoas do que de qualquer outra maneira. Mas a versão oficial no interior da ciência, do *establishment* político e da Igreja é a de rejeitar ou invalidar esses relatos. Devo admitir que compartilho desse preconceito contra OVNIs e alienígenas.

MATTHEW: Nos Estados Unidos, atualmente, há mais jovens que acreditam na existência de OVNIs do que jovens que confiam no sistema de seguridade social e acreditam que este estará intacto quando atingirem a idade da aposentadoria. Talvez os anjos tenham se dirigido para o céu em naves espaciais, como você diz, para chamar mais a atenção. Assim como o Greenpeace adotou botes de borracha para conseguir notoriedade. No mundo contemporâneo, é difícil atrair a atenção das pessoas se você for um anjo.

Como você, me sinto um tanto desconfortável. E acho que muitas respostas poderiam ser encontradas se nossas instalações militares fossem menos sigilosas. Recentemente, conheci um camarada que me chamou de lado e descreveu detalhadamente uma teoria sua a respeito de como os militares mantiveram contato com extraterrestres anos atrás, de como vêm recebendo dicas a respeito da construção de espaçonaves e de como têm se reunido com eles, abrigando-os nas montanhas de Utah ou coisa parecida. Fiquei muito surpreso, pois o rapaz não me parecia particularmente excêntrico até começar a falar sobre isso.

RUPERT: Não restam dúvidas de que as ideias tradicionais a respeito de anjos bons e maus brigarem entre si e de uma guerra apocalíptica no Céu são abraçadas pela ficção científica. *Guerra nas Estrelas*, por exemplo.

Esses são arquétipos profundos. No mundo moderno, eles se encontram representados principalmente no campo da ficção científica, e quando as pessoas experimentam o contato com o diferente, essas experiências acabam sendo geralmente travestidas de ficção científica. E acho que isso é parte do fenômeno OVNI. Não havia ficção científica na Idade Média, mas sim uma angelologia muito bem desenvolvida.

Mesmo com o declínio da crença geral em anjos e com a secularização do cosmo, esses arquétipos ainda são amplamente reconhecidos, embora reinterpretados sob a perspectiva da ficção científica: voando em espaçonaves em vez do uso de asas.

MATTHEW: Mecanizados.

RUPERT: Sim, têm sido mecanizados. Nossa imagem do cosmo foi mecanizada, assim como os anjos. E, em vez de eles se moverem à velocidade do pensamento, como disse Hildegarda, agora a ficção científica assume novas convenções, como a distorção do tempo, que permite aos anjos fazerem a mesma coisa do mesmo jeito.

MATTHEW: Dizendo de modo mais positivo, talvez isso seja também uma tentativa de desenvolver a imaginação. Agora que nosso universo repentinamente deu grandes saltos em termos de tamanho, mistério, complexidade e história, estamos buscando uma linguagem, uma forma de arte, imagens por meio das quais entendamos nossas relações no e com o universo. Uma coisa a ser dita sobre as histórias de OVNIs é que elas tratam de relacionamentos, mesmo que seja enquanto sequestro. Ainda que fosse sobre o Pentágono desvendando os segredos dos marcianos, tratar-se-ia de um relacionamento.

Você estava falando sobre arquétipos. Acredito que o arquétipo primordial é o de como estamos relacionados ao restante do universo. É benévolo? Quais são essas forças invisíveis? É sobre isso que a discussão a respeito dos anjos se refere.

Nossa imaginação está sendo desafiada. Nossos artistas, nossos contadores de histórias estão sendo desafiados a nos ajudar a nomear a natureza da comunidade à qual realmente pertencemos. E talvez os OVNIs sejam o primeiro esforço.

RUPERT: Ou talvez seja uma medida tapa-buraco até conseguirmos restabelecer um sentido para essas dimensões mais amplas que a antiga tradição dos anjos, dos espíritos encontrados em todas as culturas, pode nos dar. Enquanto recuperamos um novo sentido de vida na natureza, talvez possamos ir além dessas metáforas cruamente mecânicas para um reino muito mais amplo da imaginação.

MATTHEW: O OVNI pode se mostrar como a última máquina inventada pela Era Moderna. O próximo passo são, como você diz, os anjos; a reconexão de nossa imaginação à tradição espiritual.

Como os anjos assumem formas humanas

> De acordo com sua natureza, os anjos são invisíveis, mas assumem seus corpos na atmosfera e aparecem visíveis sob forma humana àqueles a quem são enviados como mensageiros. Também adotam outros hábitos humanos. Não falam aos homens em línguas angélicas, mas com palavras que podem ser compreendidas. Comem como os seres humanos, mas seu alimento evapora como o orvalho que cai continuamente sobre a relva e é instantaneamente enxuto sob o brilho do Sol. Os espíritos do mal também podem adotar a forma de qualquer criatura para seduzir os seres humanos.[37]

RUPERT: Aqui Hildegarda fala sobre o poder de metamorfismo dos anjos, os quais podem se manifestar sob a forma mais apropriada para qualquer ocasião. Se preciso for, podem se comunicar no idioma dos homens; e podem até parecer seres humanos, chegando a ponto de se alimentarem, o que geralmente é tido como critério de distinção entre o espírito e o ser corpóreo propriamente dito. A corporificação deles pode ter uma presença curiosamente real e literal. Hildegarda considera até mesmo a fisiologia da digestão angélica. Gosto da maneira como ela lida com a questão do que acontece ao alimento quando o anjo o ingere. Simplesmente evapora como o orvalho!

Ela também diz que os espíritos malignos podem adotar a forma de qualquer criatura para seduzir os seres humanos. Anjos e demônios são capazes de assumir qualquer forma para se comunicar ou se relacionar com os homens. Mas visto que essas formas são apenas manifestações, elas são, presumidamente, na maioria dos casos, efêmeras.

MATTHEW: Apesar disso, espero que ela não tenha aberto a caixa de Pandora da caça às bruxas, dos *pogroms*, e assim por diante. Espíritos se apoderando dos corpos de pessoas, de gatos, de familiares e coisas do gênero. Isso, para mim, seria uma consequência muito assustadora de tal afirmação.

RUPERT: Hildegarda não está falando de possessão, mas de manifestação. Ela diz que eles podem assumir a forma de qualquer criatura; não está lidando aqui com a questão da possessão demoníaca, mas trata, especificamente, de anjos e demônios assumindo a forma humana e outras formas, e até mesmo de eles aparecerem para uma refeição. Mas concordo com você que há margem mais que suficiente para a paranoia em tudo isso.

MATTHEW: Agora sabemos por que o universo mecânico dominou a cena.

RUPERT: É um lugar bem mais limpo e óbvio.

MATTHEW: E bem mais chato.

RUPERT: Um universo mecânico purgado dos espíritos malignos deve ter representado um grande alívio no século XVII, um contraste ao cenário de caça às bruxas que dominou toda a Europa, e que se estendeu também à Nova Inglaterra. Mas isso também envolveu o esvaziamento do universo das ordens angélicas.

MATTHEW: Era um lugar estéril, muito parecido com um hospital contemporâneo. E era necessário por causa do que eu chamo de excesso de cérebro direito.

RUPERT: Sim. Um universo esterilizado contra os espíritos.

Acho que o outro lado de qualquer fé espiritual é o reconhecimento do demoníaco. Todo caminho religioso ou espiritual que reconhece a existência de bons espíritos admite também, e ao mesmo tempo, a existência de espíritos maus.

Portanto, se vivemos um renascimento da espiritualidade, também teremos um ressurgimento da crença no poder dos espíritos maus.

Acredito que essa é uma consequência inevitável da fé espiritual e de uma visão espiritual do mundo. Essa é uma das razões pelas quais os humanistas e racionalistas seculares são tão contrários a qualquer forma de religião. Se permitimos a volta dos anjos bons, temos de admitir também o retorno dos anjos maus e, junto com eles, feitiços e superstição, o pesadelo da bruxaria que a visão de mundo mecanicista e racionalista supunha ter banido para sempre.

Esses textos de Hildegarda, assim como os de Dionísio e de Aquino, além da própria Bíblia, deixam claro que os anjos caídos são parte do negócio. Não é possível termos anjos bons sem anjos maus. Não se oferece aqui uma visão *new age* acalentadora da situação, com bons anjos permanentemente tomados por vibrações suaves e gentis – tal como a própria música *new age* – em um universo do qual todas as forças malignas têm sido comodamente expelidas.

MATTHEW: Então, não podemos simplesmente inserir o anjo bom em um mundo estéril, mecanizado e higienizado; é preciso trazer os anjos sombrios de volta também.

RUPERT: É isso o que essa tradição nos diz.

MATTHEW: Creio ser apropriado designar os espíritos malignos de nossa época com nossas próprias palavras, como racismo, sexismo, colonialismo, antropocentrismo, injustiça, e assim por diante. Esses são os "Belzebus" de nossa civilização.

Jesus e os anjos

Quando o filho de Deus nasceu de sua Mãe na Terra, ele se mostrou no Céu, no Pai, para que os anjos estremecessem e exultassem entoando doces canções de louvor. A isso os tímpanos e cítaras celestiais, e todos os tipos de sons musicais, retumbaram em beleza e harmonia indescritíveis; pois a humanidade que dormia imersa em corrupção foi despertada em alegria. Mas o Pai apresentou o filho ressuscitado, com as chagas expostas, aos coros celestes: "Este é meu filho amado!". Com isso, uma imensa alegria foi despertada nos anjos, uma alegria que ultrapassa toda a compreensão humana, pois a partir de então o passado sombrio, no qual Deus não era reconhecido, foi vencido em combate. A razão humana, antes reprimida por influência do demônio, foi reerguida para o reconhecimento de Deus. Por meio da bênção suprema, o caminho da verdade é revelado aos homens, e eles são conduzidos de volta da morte à vida.[38]

MATTHEW: Aqui, nossa autora celebra o relacionamento renovado entre a humanidade, Deus e os anjos. Isso é a Encarnação. Para Hildegarda, a vinda de Deus na pessoa de Jesus tem profundas implicações para a angelologia. Esse evento desperta os anjos. Ela diz que eles "estremeceram e exultaram entoando doces canções de louvor". Ela descreve os anjos ribombando tímpanos e cítaras e se tornando novamente bastante musicais acerca da alegria que essa possibilidade traz ao seu trabalho.

RUPERT: O que você acha que ela quer dizer com "ele se mostrou no Céu, no Pai"?

MATTHEW: É, provavelmente, uma referência à nova maneira como o Logos passa a ser refletido no Pai, agora que o filho nasceu de uma mãe na Terra. É uma nova dimensão para a paternidade de Deus. É o Cristo Cósmico abarcando todo o universo.

RUPERT: Isso implica uma mudança no interior da Santíssima Trindade, bem como uma mudança dentro das ordens angélicas. Indica, portanto, uma evolução não apenas nos reinos angélicos, mas também na natureza divina.

MATTHEW: Certamente. Eckhart é bastante explícito em relação a isso: "Deus se transforma à medida que as criaturas expressam a

Deus".[39] E de que outra forma poderia ser? A divindade será afetada conforme a evolução se desenvolve, à medida que a natureza se desdobra, incluindo a natureza humana, que agora encerra o Logos.

No fundo, o cerne da crença da Trindade cristã é uma afirmação da vulnerabilidade de Deus. E essa é uma concepção bem judaica. Havia uma noção helenística de que Deus é a força motriz não movível, o ponto estável no céu (o que já não é tão judaico). O rabino Heschel fala sobre a divindade como uma natureza realmente dependente da evolução humana, das ações humanas de justiça e compaixão.

Temos de afastar nossas doutrinas da cosmologia estática à qual elas acabaram se aferrando. Em tal condição, elas facilmente perdem a energia, tornam-se enferrujadas. No contexto de uma nova cosmologia, todas essas doutrinas adquirem vida e imensa energia. Nossos melhores místicos, como Eckhart e Hildegarda, tinham profunda intuição disso, da divindade se revelando conforme o universo se desdobra. E, certamente, a história de Cristo faz parte desse processo.

RUPERT: Então isso também corrobora os comentários de Hildegarda a respeito de os anjos se sentirem maravilhados com as ações humanas (p. 181-182). Os anjos estão reagindo e respondendo ao que acontece na Terra. Têm de fazer isso se, de fato, estiverem interagindo com o curso dos acontecimentos no cosmo e com o desenvolvimento da humanidade. Mas, como você diz, Hildegarda está indo além ao apontar uma mudança real na natureza divina. Ela se esquiva da ideia grega da ausência de mudança e das formas platônicas fora do espaço e do tempo, totalmente imutáveis e impassíveis.

MATTHEW: E parte da excitação e da admiração dos anjos vem de observar o desenrolar da história de Jesus. Dentro da tradição, os anjos estão presentes em todos os momentos críticos da vida de Jesus:

na Anunciação, sua concepção; em seu nascimento; em sua experiência de batismo; em sua ida ao deserto, onde foi socorrido pelos anjos enquanto lutava com os demônios e era tentado por Satanás no jardim do Getsêmani; na Ressurreição e na Ascensão. Não é como se os anjos fossem apenas espectadores; eles são verdadeiros participantes na história do desvelamento do Cristo Cósmico em Jesus. As forças cósmicas, ou qualquer outro nome que queiramos dar, participam da história de vida de qualquer ser, com certeza de qualquer ser humano.

Deus tornou-se um ser humano, não um anjo

> Oh! Quão grande é a alegria por Deus ter-se feito humano. Entre os anjos, Deus existe como divindade, mas entre os homens, Deus existe como um humano![40]

MATTHEW: Aqui, Hildegarda mostra-se exultante em perceber que, no relacionamento com a divindade, os seres humanos têm mais participação do que os anjos. Deus continua sendo Deus entre os anjos, pois não se fez anjo, mas Deus se tornou um ser humano. Isso leva Hildegarda a se regozijar na alegria de ser humana. Ela vê a Encarnação como uma tremenda afirmação de apreço pela espécie humana.

RUPERT: Em algumas ilustrações, Cristo é mostrado como o rei dos anjos. Essa era uma visão comum?

MATTHEW: Sem dúvida. Em todos os hinos do Cristo Cósmico, desde a Igreja primitiva, Cristo é apresentado como tendo poder sobre os anjos. Isso é para mostrar que não há nada a temer por parte das forças invisíveis do universo; elas estão sendo empregadas por Cristo para propósitos benignos.

RUPERT: Presume-se que a ideia da Abençoada Virgem Maria como Rainha dos Anjos seja um desenvolvimento posterior do mesmo tema. Ou seria uma espécie de atavismo a um arquétipo muito mais antigo da deusa como Rainha do Céu, como a vertente maternal do espaço e do cosmo?

MATTHEW: Acho que são todas as coisas juntas. Maria, Rainha dos Anjos, é novamente uma tremenda afirmação da beleza da humanidade: um de nós, juntamente com o Cristo, está supervisionando o desempenho dos anjos no Céu, e esse é o princípio feminino, a deusa. De fato, Hildegarda descreve Maria como a regente de sinfonias das esferas celestiais no Paraíso – ela orienta a música igualmente entre seres humanos e anjos.

Os anjos estão presentes nas mortes humanas

> [Quando se trata da morte] anjos bons e maus estão presentes, testemunhas de todos os feitos realizados pela pessoa com e em seu corpo. Eles esperam o final para conduzir a pessoa consigo após a dissolução.[41]

MATTHEW: Existe uma antiga tradição de que os anjos estão presentes no momento da morte. Atualmente, o interesse nessa tradição tem sido renovado por pessoas que relatam suas experiências de quase morte. Os anjos não estão apenas presentes naquilo que chamamos de vida humana. Eles estavam presentes antes de nossa existência, e aguardam suas próximas manifestações. O compromisso é o de esperar o fim para levar a pessoa com eles para outro reino.

RUPERT: "Dissolução" quer dizer dissolução do corpo?

MATTHEW: Acredito que sim.

RUPERT: A ideia de seres alados como almas-guias ou psicopompos é muito antiga. Os egípcios tinham uma noção parecida, e há desenhos de almas-guias aladas sobre múmias. Os gregos também alimentavam a ideia de almas-guias levando a alma pelas esferas celestiais. O mesmo conceito é expressado nos cemitérios vitorianos, com estátuas de anjos sobre os túmulos.

Apesar de muito ouvirmos atualmente, nos relatos de quase morte, a respeito de seres de luz no momento da morte, o mesmo não acontece em relação à presença dos anjos maus. Presumimos que os anjos maus não estejam lá simplesmente para observar os anjos bons levarem as almas para cima. Eles devem ter algum papel a desempenhar. Qual?

MATTHEW: Desconfio que nosso ingresso na morte não é diferente de nossa entrada em outros momentos criativos de nossas vidas. Os anjos bons e os anjos maus estão presentes em nossas tomadas de decisão e, mesmo na morte, existem escolhas a serem feitas. Por exemplo, a opção pela desesperança, pelo amargor, pela recriminação e pelo arrependimento. Acredito que tudo isso poderia ser simbolizado pela presença dos anjos maus nos tentando, enquanto os anjos bons nos incentivariam a reagir com o que, esperamos, fosse um padrão de nossas vidas: generosidade, confiança e entrega, qualidades que caracterizam não apenas uma morte santa, mas uma vida sagrada. Vejo isso como uma afirmação de que a morte é um ato criativo da parte do ser humano; de certa maneira, é um ato moral. Temos de decidir como abordá-la. Portanto, tanto os anjos bons quanto os maus estão presentes.

RUPERT: Estou curioso para saber o que acontece àqueles que são levados pelos anjos maus. Como você imagina isso?

MATTHEW: É melhor você consultar Dante sobre essa questão. Mas isso também leva a outro ensinamento de Hildegarda, a respeito do Juízo Final. Tenho a impressão de que ela escreve sobre nossas decisões criativas nesta vida: todo ato criativo é um julgamento final, porque não há como repará-lo. É uma escolha única. Hildegarda incorpora o dualismo entre esta vida e a próxima, e entre o Céu, o inferno e a Terra. Ela nos diz, com efeito, que nossas escolhas podem acarretar tanto o inferno como o Céu na Terra.

Anjos na Eucaristia

Quando o padre, vestido com os paramentos sagrados, pisou o altar para a celebração dos mistérios divinos, um claro esplendor de luz repentinamente desceu dos Céus. Os anjos baixaram gradualmente, e uma luz transbordou em torno do altar. O ambiente assim permaneceu até a conclusão da oferta sagrada, quando o padre se retirou. Após a leitura do Evangelho da paz, e depois que as ofertas foram colocadas sobre o altar para a consagração, o padre entoou o louvor do Deus onipotente: "Santo, Santo, Santo, Senhor Deus dos Exércitos!", e deu início ao mistério impronunciável. Nesse momento, os Céus se abriram. Um lampejo ardente de claridade indescritível pousou sobre as ofertas e as atravessou com sua majestade, assim como o Sol penetra com sua luz quando incide sobre um objeto [...] os anjos desceram e a luz inundou o altar [...] os espíritos celestiais reverenciam o serviço sagrado.[42]

MATTHEW: Nessa passagem, contida em seu primeiro livro, *Scivias*, Hildegarda descreve uma experiência espiritual vivida por ela durante a missa. Desta feita, ela está invocando uma antiga tradição, de que parte do trabalho dos anjos é estar presente para a adoração. Isso está profundamente arraigado à tradição judaica. E, de fato, essa passagem na liturgia ocidental, invocada por Hildegarda, tem origem judaica e diz respeito aos anjos: "Santo, Santo, Santo, Senhor Deus do Universo, os Céus e a Terra proclamam a vossa glória, hosana nas alturas".

No ponto alto da liturgia ocidental, está essa invocação dos anjos. Hildegarda não apresenta isso como teologia ou teoria, mas fala sobre sua própria experiência. Foi uma experiência muito poderosa para ela, e é uma experiência pela qual as pessoas anseiam hoje. Se o louvor é uma parte importante do trabalho dos anjos, também é uma parte importante da vida espiritual da humanidade. Como diz o rabino Heschel: "O louvor precede a fé". Precisamos desse passo adiante que leva à fé, para além da inteligência, para o interior da experiência. E qual melhor lugar do que aquele onde a comunidade se reúne para louvar e invocar todos os seres do universo, incluindo os anjos?

Os povos nativos ensinam que o centro do universo é o centro de um círculo de oração. Este também é um ensinamento judaico: o templo era o centro do universo. Hoje, estamos redefinindo o centro do universo não como um único lugar, mas como muitos lugares de intensa energia. Precisamos descobrir de que forma a adoração assume uma posição central para o universo. Hildegarda também ensina isso. Ela diz que o altar é o centro do universo, e que os anjos aí estariam, uma vez que gostam de ficar onde se manifesta a ação divina.

A adoração sadia abre os canais da comunicação entre o anjo e o ser humano na presença do louvor e do respeito a Deus. Temos de recriar formas de adoração que permitam novamente o acesso aos anjos, e que tornem possível aos seres humanos abrir o coração para que, então, o louvor aconteça. Precisamos ir além da origem de todos os chacras para que todas as energias do universo possam estar presentes, microcosmo com macrocosmo.

RUPERT: Concordo. É muito interessante que ela fale aqui não sob um ponto de vista teórico, mas experimental. Eu me interessaria muito por uma pesquisa empírica com pessoas que frequentam serviços religiosos para descobrir em quais ocasiões elas se emocionam profundamente. Já vivi momentos, em cerimônias religiosas, nos quais senti intensamente a presença divina ou angélica. Imagino que muitas pessoas tenham tido essa experiência, mas em nossos dias elas se envergonham em falar sobre o assunto, assim como se envergonham em falar sobre experiências místicas em geral.

MATTHEW: Claro. Nossas experiências místicas têm sido relegadas ao reino "subjetivo" por nossa mentalidade moderna. Uma espécie de noção de propriedade privada prevalece nesse caso, envolvendo essas vivências em segredo, tais como são guardadas nossas contas bancárias.

Hildegarda parece ter tido experiências como essa, com anjos descendo e luzes inundando o altar, sem apelar para uma fonte externa. O fato de muitas pessoas estarem hoje procurando fontes externas, como drogas psicodélicas, não deixa de ser uma confirmação de como as formas de adoração não estão cumprindo sua função. Se a religião existe para renovar a si mesma, para realizar seu principal trabalho, que é despertar a mente e o coração para o nosso lugar no universo e a comunhão com outros seres, precisamos de formas de adoração que tornem essas experiências possíveis.

Faça amizade com os anjos bons

> Digo eu, Cristo, a vocês, filhos dos homens: façam amizade com os anjos bons e com os seres humanos na justiça e na verdade. Em razão dessa justiça e dessa verdade, os anjos apreciarão suas boas ações, e um dia os levarão à morada eterna.[43]

MATTHEW: Hildegarda frequentemente faz-se ouvir na primeira pessoa de Deus ou do Cristo, e fala como se estivesse tomada pela voz deles. Estas são ocorrências particularmente importantes e profundas para ela: nessa passagem, trata-se de Cristo nos dizendo para fazer amizade com os anjos bons. Esta é uma boa maneira de concluir nossa investigação a respeito dos ensinamentos de Hildegarda sobre os anjos, sendo a palavra final a de que nos fazemos amigos dos anjos quando nos aproximamos da justiça e da verdade em nossas vidas.

A visão de mundo moderna ou mecanicista não era amistosa em relação aos místicos ou aos anjos. Hildegarda, porém, fruto de uma visão de mundo pré-moderna, nos chama a prestar mais atenção a esses relacionamentos em nossa era pós-moderna, e assinala que é essa experiência espiritual de verdade e justiça que nos leva à comunhão com os anjos e, consequentemente, à amizade com eles. A dimensão de justiça corresponde, é claro, ao ensinamento de Aquino sobre o relacionamento entre anjos e profetas.

RUPERT: Mas você acha que existem maneiras práticas de fazer amizade com os anjos? Por exemplo, em diversas cerimônias judaicas, há invocações aos arcanjos Miguel, Uriel, Rafael e Gabriel como os guardiões dos quatro pontos cardeais. E os cristãos, na tradição católica, têm uma oportunidade particular de travar amizade com eles na festa de São Miguel e de Todos os Anjos, em 29 de setembro. Você acha que há mais coisas que possamos fazer especificamente para invocar os anjos, além de estarmos mais abertos a Deus e ao espírito de verdade e justiça?

MATTHEW: Sim, existem rituais e invocações que já estão presentes nas tradições da Igreja, e alguns que têm de ser ressuscitados. E precisamos de novos rituais para invocar os anjos; acredito que essas práticas sagradas surgirão à medida que permitirmos que nossas mentes vagueiem mais livremente no interior do cosmo vivo. A tecnologia poderia desempenhar um papel decisivo, ajudando-nos a visualizar os anjos – tomemos como exemplo as maravilhosas fotografias que agora dispomos das estrelas nascendo e das galáxias espiralando. Mas acho que não devemos subestimar o caminho de luta por justiça e verdade. Isso tem a ver com trabalho interno, o que certamente diz respeito à verdade. Hildegarda nos mostra que, onde há esse trabalho interno, a comunicação com os anjos efetivamente está aberta.

O mesmo é verdadeiro para a luta por justiça. Lembremos que os anjos visitam com frequência as pessoas encarceradas. São Pedro foi libertado da prisão por um anjo. Por vezes, penso que Gandhi, Martin Luther King e outras grandes almas que passaram algum tempo aprisionadas encontraram apoio angélico em sua reclusão.

Daí a luta por justiça não ser uma abstração. É uma maneira de aprender e de abrir o coração. Conheço uma freira católica, por exemplo, uma mulher muito nobre e santa, que me contou sua maior experiência mística: ser removida em um camburão pela polícia quando protestava em bases militares e instalações nucleares – foi quando ela sentiu mais intensamente a presença dos espíritos e dos anjos.

Por isso, a luta por justiça é uma forma de abrir nossos corações e de permitir que os anjos entrem rapidamente. Essa luta, que certamente se dá em torno de questões ecológicas, vai se tornar mais intensa em nossa vida, e precisamos enxergar esses combates como rituais. E os anjos comparecem a rituais sadios e autênticos.

RUPERT: Essa é uma possibilidade instigante, a luta por justiça e a luta por um novo relacionamento com o meio ambiente acontecendo em aliança com os anjos e com a ajuda deles. Confere uma dimensão maior. É um pensamento fortalecedor, pois, caso contrário, seria apenas um punhado de gente brigando contra uma enorme rede de interesses e poderes políticos e econômicos. Precisamos de toda a ajuda que pudermos obter.

MATTHEW: E, seguramente, os anjos da guarda das crianças devem estar tremendamente interessados na crise ecológica. O futuro das crianças depende de um planeta sadio.

Conclusão

Anjos no novo milênio

O que está acontecendo hoje não é mero ressurgimento do interesse nos anjos. A nova cosmologia levanta novas questões e aumenta muito o raio de ação angélica no universo. Atualmente, temos grande necessidade de entender o papel da consciência além dos domínios humanos. Esses desafios exigem um revisionismo da angelologia, uma nova fase em nossa compreensão dos reinos angélicos e em nosso relacionamento com eles.

Precisamos avaliar o que podemos aprender com nossa própria tradição sobre os anjos. O que Dionísio, o Areopagita, São Tomás de Aquino e Hildegarda de Bingen têm a nos ensinar sobre essas criaturas? Aqui estão algumas das lições aprendidas em nossos diálogos.

- Os anjos são muito numerosos; existem em números astronômicos. Há muitos outros tipos de consciência no cosmo além da consciência humana.
- Os anjos estão presentes desde a origem do universo.
- Existem em uma ordem hierárquica de níveis aninhados dentro de níveis.
- São inteligências governantes da natureza.
- Têm uma relação especial com a luz, com o fogo, com as chamas e com os fótons. Há paralelos surpreendentes entre Aquino e Einstein com respeito à natureza dos anjos

e dos fótons: em sua locomoção e no modo de se movimentar, em sua perenidade e em seu desprovimento de massa.
- São musicais por natureza e trabalham em harmoniosa convivência uns com os outros.
- A maioria dos anjos é amistosa, mas nem todos. Cristo tem poder sobre os anjos.
- Mantêm uma relação especial com a consciência humana. Nós, seres humanos, ajudamos a conectar o mundo terreno com as inteligências cósmicas.
- Os anjos podem ter exercido um papel especial no nascimento da linguagem.
- Eles inspiram os profetas e despertam a imaginação e a intuição humanas, e assim amparam os artistas de modo especial.
- Os anjos são maravilhados conosco, e nossas ações por meio deles podem afetar todo o cosmo.
- Seu principal ofício é louvar.
- Eles desempenham uma variedade de funções em seu relacionamento com os seres humanos, incluindo inspirar, transmitir a palavra, proteger e guiar.
- Estão presentes na adoração sagrada.
- Tanto os anjos bons quanto os maus agem no âmbito de nossa consciência e tomada de decisões.
- Eles não têm corpos físicos, mas podem assumir temporariamente a aparência humana ou outros corpos com a finalidade de se comunicar com os seres humanos e ajudá-los.
- Eles acompanham as pessoas desta vida para a próxima.

Questões para o futuro

Em uma época como a nossa, não basta recorrer aos ensinamentos tradicionais da religião e da angelologia. Uma nova cosmologia, bem como uma nova crise na Terra, exigem mais trabalho criativo da parte daqueles que herdam as tradições religiosas. E assim concluímos nossa discussão não com uma afirmação de sabedoria legada, mas com questões que nos assaltam do futuro sobre a relação da humanidade com os anjos.

- Como podemos entender a consciência dos planetas, das estrelas e das galáxias?
- À luz da cosmologia contemporânea, a compreensão tradicional das inteligências celestiais pode nos ajudar a interpretar as forças auto-organizadoras dos planetas, das estrelas e das galáxias?
- Os anjos têm um papel a desempenhar na dinâmica auto-organizadora do mundo microscópico?
- Em um universo evolucionário e em expansão, novas espécies de anjos estão passando a existir conforme surgem novas formas, estruturas e campos?
- Qual o papel dos anjos na orientação do processo evolucionário?
- Os anjos se desenvolvem?
- Quão rapidamente os anjos podem se comunicar pela vastidão do universo?
- Os anjos caídos provocam o mal em outros organismos conscientes residentes em outras partes do universo?
- Como podemos nos aproximar dos anjos bons?
- A experiência com anjos e a crença neles, compartilhadas por todas as tradições espirituais, podem promover um ecumenismo profundo?
- Os anjos podem nos guiar por entre as perversidades sociais e ecológicas que nos cercam e que ameaçam as gerações vindouras?

- Os anjos podem nos ajudar a reavivar nossas formas de adoração para que o louvor verdadeiro possa inspirar visão profética e retidão?
- Nosso despertar para os anjos pode aumentar a capacidade de comunhão?
- Como os anjos podem ajudar na ressacralização do trabalho dos artistas?
- Como nós podemos, com os anjos, ressacralizar o mundo?

Apêndice

Anjos na Bíblia

Os textos antigos da Bíblia hebraica são, de certa forma, reticentes a respeito da angelologia. Não há dúvida de que isso se deve ao fato de os israelitas terem se precavido na reintrodução de velhas ideias sobre mensageiros divinos e espíritos, quando da difusão do monoteísmo entre os povos outrora politeístas. Apenas três anjos – Gabriel, Miguel e Rafael – são chamados pelo nome no Antigo Testamento, e os livros proféticos raramente mencionam essas criaturas.

Nos livros mais recentes, os anjos aparecem com mais frequência, principalmente nos textos apocalípticos, como o Livro de Daniel, em que exercem um papel importante. Nessa época, o monoteísmo já estava tão bem estabelecido no pensamento judaico que não havia razão para os anjos serem temidos como objetos de adoração. Também nesse período, outras tradições, como a religião zoroástrica da Pérsia, influenciaram Israel com sua ênfase nos espíritos.

Além dos termos "anjos" ou "mensageiros", as Escrituras hebraicas incluem outras denominações a esses seres, como "filhos de Deus", "anfitriões do Senhor", "anfitriões do Céu" e "os sagrados".

Os anjos são encontrados em abundância nas Escrituras cristãs. Isso acontece particularmente nas narrativas sobre a infância de Jesus, no ministério de Cristo e na literatura apocalíptica, como o Livro da Revelação. Os anjos representam as forças cósmicas que se unem em

Jesus e que ele emprega para o bem das pessoas. Paulo menciona os nove coros de anjos ou espíritos celestes, mas sua ênfase está em como Cristo tem poder sobre os anjos e sobre todas as forças espirituais. Assim acaba a tentação de ser pessimista com relação às forças cósmicas. O universo é essencialmente benévolo em todos os aspectos. Os espíritos do mal não podem triunfar sobre o poder do amor de Cristo.

No Livro da Revelação (Apocalipse), os anjos desempenham diversos papéis, incluindo exaltar na adoração celeste, ajudar no trabalho da revelação profética, auxiliar na governança do mundo e na realização dos desejos divinos, além de proteger as sete igrejas da Ásia, seus líderes e comunidades.

A seguir, uma lista de referências bíblicas aos anjos.

I. ANTIGO TESTAMENTO (BÍBLIA HEBRAICA)

Gênesis*

16,7-11: O anjo de Javé encontra a escrava Agar e lhe ordena que volte para sua patroa Sarai, para dar à luz um filho (Ismael). (cf. 21, 17)

19,1-26: Dois anjos a quem Ló recebeu com hospitalidade salvam a ele e sua família da destruição de Sodoma.

22,11-15: Um anjo intervém para salvar Isaac da imolação pela faca de Abraão.

24,7.40: Abraão promete ao servo mais velho de sua casa que um anjo será enviado para levá-lo à terra natal de seu senhor, para encontrar uma esposa para seu filho Isaac.

28,12: Jacó sonha com anjos de Deus subindo e descendo uma escada que se erguia até o Céu.

31,11: Um anjo conversa com Jacó em sonho.

32,2: Anjos encontram Jacó em sua jornada e ele chama o lugar do encontro de "Maanaim", dizendo: "Este é o acampamento de Deus".

48,16: Israel (Jacó) abençoa os filhos de José, dizendo: "Que o anjo que me salvou de todo o mal abençoe estas crianças".

Êxodo

3,2: O anjo de Javé aparece a Moisés em uma sarça ardente.

14,19: O anjo de Javé marcha à frente do exército de Israel.

....
* Todas as citações deste Apêndice, literais ou indiretas, bem como as referências bíblicas contidas em todo o livro, foram extraídas da seguinte versão do livro sagrado: BÍBLIA SAGRADA – Edição Pastoral. São Paulo: Paulus, 2001. [N. de E.]

23,20-24:   Javé promete que um anjo protegerá os israelitas de seus inimigos.

32,34; 33,2: Javé promete enviar um anjo para ir adiante dos israelitas, protegê-los e combater seus inimigos.

Números

20,16:   Moisés envia uma mensagem ao rei de Edom, dizendo que um anjo tiraria os israelitas do Egito.

22,22-35:   O anjo de Javé ensina Balaão a tratar sua jumenta com mais delicadeza.

Deuteronômio

32,17:   O Cântico de Moisés repreende aqueles que "sacrificaram a demônios, falsos deuses, a deuses que não haviam conhecido".

Juízes

2,1.4:   O anjo de Javé diz aos israelitas que ele os tirou da terra do Egito.

5,23:   No Cântico de Débora e Barac, o anjo de Javé amaldiçoa Meroz.

6,11-24:   Um anjo de Javé visita Gedeão e diz a ele que salve Israel.

3,3-25:   Um anjo de Javé aparece à mulher de Manué e diz que ela dará à luz um filho; ela lhe deu o nome de Sansão.

Primeiro Livro de Samuel

29,9:   Aquis diz que Davi é tão leal quanto um enviado de Deus.

Segundo Livro de Samuel

14,17.20: A sabedoria de Davi "é como a sabedoria de um enviado de Deus", ou seja, divina (cf. 2 Samuel 19,28).

24,16-17: Um anjo cumpria a vingança por causa dos pecados de Davi.

Primeiro Livro dos Reis

13,18: Um anjo testa se um profeta obedecerá a Javé.

19,5-7: Um anjo faz com que Elias se alimente para a jornada.

Segundo Livro dos Reis

1,3.15: Um anjo diz a Elias que desafie Ocosias, que procurou ajuda com o deus de Acaron.

19,35: Um anjo de Javé dizima o exército assírio, possivelmente com uma praga.

Primeiro Livro das Crônicas

21,1: "Satã se insurgiu contra Israel".

21,12-30: Um anjo vingador alastra uma peste sobre Israel por causa das transgressões de Davi, e o anjo exorta Davi a erguer um altar para Javé.

Segundo Livro das Crônicas

32,21: Um anjo extermina todos os oficiais de batalha do rei da Assíria, e a paz é estabelecida em Jerusalém.

Tobias

5,4-28:	Tobias encontra o anjo Rafael, que conforta seu pai idoso e protege Tobias em sua jornada.
6,10-19:	O anjo Rafael ajuda Tobias a encontrar uma esposa.
9,1-9:	Rafael ajuda Tobias com a festa de casamento.
11,7-8:	Rafael promete a Tobias que seu pai cego voltará a enxergar.
11,14:	Ao ter sua visão restabelecida, Tobit exulta: "Bendito seja Deus! Bendito seja o seu Nome grandioso! Benditos sejam os seus santos anjos!".
12,6-22:	Rafael instrui Tobias e Tobit a respeito de assuntos espirituais e "os dois ficaram assustados e caíram com o rosto por terra, cheios de medo". Garantindo que eles não tinham o que temer, o anjo os deixou e retornou para a casa de Deus.

Jó

1,6-12:	Satã se empenha em testar Jó.
2,1-10:	Satã lança mais infortúnios sobre Jó, que não ofendeu Deus com palavras.
4,18:	Deus vê falhas em seus próprios servos, "e mesmo em seus anjos descobre defeitos".

Salmos

8,6:	"Tu o fizeste [o ser humano] pouco menos do que um anjo".
34,8:	O anjo de Javé mantém em segurança aquele que o teme.
35,5.6:	Que o anjo de Javé persiga meus inimigos, clama o salmista.
78,25:	Ao comer o maná dos Céus, os israelitas "comeram o pão dos anjos".
78,49:	Anjos portadores de desgraças cumpriram a ira de Deus contra os israelitas algumas vezes.

91,11:	Deus o guardará, colocando-o sob os cuidados de seus anjos.
103,20:	"Bendigam a Javé, anjos seus [...]"
104,4:	"Tu fazes dos ventos os teus mensageiros, e das chamas de fogo os teus ministros!".
106,37:	Os israelitas, sob influências pagãs, "sacrificaram aos demônios seus filhos e suas filhas".
148,1-2:	"Louvem a Javé nas alturas. Louvem a Javé, todos os anjos, louvem a ele seus exércitos todos!"

Eclesiastes

5,5:	Não diga a seu anjo que suas palavras são impensadas.

Isaías

37,36:	Um anjo do Senhor abateu milhares de homens no acampamento assírio durante a noite.
63,9:	Um salmista canta sobre como "não foi um enviado ou mensageiro, mas o próprio Javé" quem salvou do sofrimento o povo de Deus.

Daniel

3,49:	Um anjo salva três homens da fornalha do rei Nabucodonosor.
6,23:	Daniel atribui à intervenção de um anjo sua salvação da boca de um leão.

Oseias

12,4:	O profeta se lembra da luta de Jacó com um anjo (Gn 32,24-28).

Zacarias

1,9-17: O profeta tem visões nas quais os anjos desempenham um papel importante na transmissão das mensagens de Javé ao povo de Israel.

3,1-6: O anjo de Javé preside um tribunal de justiça no Céu, e Satã, o acusador, que é inimigo do homem, fica em pé, ao lado de Josué, o chefe dos sacerdotes.

4,1-6.10-14: Um anjo explica uma visão e seu significado, incluindo os sete olhos de Javé, que "percorrem toda a Terra", e os dois homens ungidos, que "estão de pé diante do Senhor de toda a Terra".

5, 5-11: Um anjo explica uma visão que diz respeito à maldade.

6,4-8: Um anjo explica uma visão que diz respeito a quatro grandes cavalos saindo em quatro direções distintas, "os quatro ventos do Céu" – eles têm de "percorrer a Terra".

12,8: Na era messiânica, a Casa de Davi será restaurada, será "como o anjo de Javé".

II. NOVO TESTAMENTO

Evangelho Segundo Mateus

1,20-24: Um anjo aparece para José em sonho e o informa sobre a concepção de Maria pelo Espírito Santo, aconselhando-o a aceitar Maria como sua esposa.

1,24: José acorda de seu sonho e faz o que o anjo lhe havia recomendado.

2,13.14: Um anjo aparece para José em sonho e o exorta a fugir de Herodes, levando sua esposa e seu filho para o Egito. José obedece.

Apêndice • 221

2,19-21: Após a morte de Herodes, um anjo apareceu a José em sonho e disse a ele que voltasse a Israel, e José obedeceu.

4,1-11: Jesus é levado para o deserto e tentado pelo demônio. Ele resiste. "Então o diabo o deixou. E os anjos de Deus se aproximaram e serviram Jesus".

7,22: Alguns dirão que eles expulsarão os demônios em nome de Cristo.

8,16.17: Ele expulsou os demônios e curou muitas pessoas doentes.

9,32-34: Jesus expulsa um demônio de um homem mudo.

10,8: Jesus exorta seus discípulos a "expulsar demônios".

11,18: Veio João e foi acusado de estar "possuído" por um demônio.

12,22-28: Jesus cura um endemoninhado cego e mudo, e os fariseus disseram que apenas o príncipe dos demônios era capaz de expulsar demônios.

13,39-41: Explicando a parábola das boas sementes semeadas no campo, Jesus diz que o demônio é o inimigo que semeou as más sementes, e os anjos são os ceifadores. No fim dos tempos, o Filho do homem "enviará seus anjos", que recolherão o mal e o lançará na fornalha de fogo.

13,49: No fim dos tempos, os anjos separarão os maus dos justos.

15,22-28: Uma mulher cananeia pede a Jesus que cure sua filha que está sendo atormentada por um demônio, e Jesus faz o que ela pede.

16,23: "Para longe de mim, Satanás. Você é uma pedra de tropeço para mim", disse Jesus a Pedro.

16,27: "O Filho do Homem virá na glória do seu Pai com os seus anjos", para retribuir a cada um conforme sua conduta.

17,14-20: Jesus cura um menino epiléptico e possuído pelo demônio.

18,10: Os pequeninos têm "seus anjos no Céu, [que] sempre estão na presença de meu Pai no Céu".

22,30: Na ressurreição, homens e mulheres não se casam, mas "são como os anjos no Céu".

24,30-31:   O Filho do homem virá sobre as nuvens do Céu e "enviará seus anjos, que tocarão bem alto a trombeta" para reunir os eleitos desde os quatro ventos e todas as direções.
24,36:   Nem os anjos nem o Filho, mas apenas o Pai sabe o dia e a hora do momento final.
25,31:   Os anjos acompanharão o Filho do homem quando ele vier em sua glória.
25,41:   Um fogo eterno preparado pelo demônio e por seus anjos espera aqueles que se recusaram a alimentar o faminto ou a visitar o doente e o aprisionado.
26,53:   Quando detido no jardim do Getsêmani, Jesus diz aos discípulos que o Pai poderia mandar "doze legiões de anjos" para defendê-lo se ele assim o desejasse.
28,2-8:   Um anjo do Senhor retira a pedra do sepulcro de Jesus e diz a Maria Madalena e a Maria, mãe de Tiago, que Jesus havia ressuscitado, e que elas deveriam contar a notícia aos outros discípulos.

Evangelho Segundo Marcos

1,12.13:   Jesus foi tentado por Satã no deserto logo após seu batismo, mas os "anjos o serviam".
1,32-39:   Ele expulsou demônios e curou muitas pessoas.
3,15:   Ele conferiu aos discípulos "o poder de expulsar demônios".
3,22-30:   Jesus confronta aqueles que o acusam de estar possuído por Satã e por meio dele expulsar demônios.
5,1-20:   Na região dos gerasenos, Jesus cura um homem tomado por espíritos impuros "e todos ficaram admirados".
6,13:   Os doze discípulos expulsaram muitos demônios e curaram muitas pessoas doentes.
7,25-30:   Jesus expulsa o demônio da filha de uma mulher pagã.

8,38:	O Filho do Homem virá na glória com seus anjos sagrados.
9,38.39:	Um homem que não era discípulo expulsava os demônios em nome de Jesus.
12,25:	Aqueles que ressuscitarem dos mortos não casarão, mas serão como os anjos.
13,27:	O Filho do Homem enviará seus anjos para reunir os escolhidos desde os quatro ventos e nos confins da Terra.
13,32:	Mas o dia e a hora dessa vinda nem mesmo os anjos sabem.
16,9:	O Cristo ressuscitado aparece a Maria Madalena, "de quem havia expulsado sete demônios".
16,17:	Meus seguidores "expulsarão demônios em meu nome", diz o Cristo ressuscitado.

Evangelho Segundo Lucas

1,11-25:	O anjo Gabriel aparece a Zacarias e o informa que sua esposa idosa, Isabel, terá um filho chamado João.
1,26-38:	O anjo Gabriel diz a Maria que ela conceberá um filho chamado Jesus pelo poder do Espírito Santo. Maria aceita.
2,9-15:	O anjo do Senhor aparece aos pastores à noite com "a Boa Notícia que será uma grande alegria", a ser compartilhada por todo o povo: "Hoje, na cidade de Davi, nasceu para vocês um Salvador, que é o Messias, o Senhor". Uma multidão de anjos aparece cantando "Glória a Deus nas alturas".
2,21:	Quando de sua circuncisão, deram ao menino o nome de Jesus, como fora chamado pelo anjo de seu nascimento.
4,1-13:	O demônio tenta Jesus no deserto.
4,33-36:	Jesus ordena que um espírito impuro abandone um homem possuído que está na sinagoga.
4,40.41:	Ele colocava as mãos sobre as pessoas e demônios saíam delas.
7.33:	João Batista é acusado de estar possuído.

8,2:   Maria Madalena teve sete demônios expulsos dela.

8,12:   A semente como Palavra de Deus é tirada do coração daqueles que estão à beira do caminho pelo demônio.

8,26-39:   Jesus expulsa os demônios do homem da região dos gerasenos.

9,1:   Jesus chamou os doze discípulos e lhes deu poder sobre todos os demônios e para curar os enfermos.

9,26:   O Filho do Homem virá "na glória do Pai e dos santos anjos".

9,37-45:   Jesus expulsa o espírito impuro do menino epiléptico endemoninhado.

10,17-20:   "Os setenta e dois voltaram muito alegres, dizendo: 'Senhor, até os demônios obedecem a nós por causa do teu nome'".

11,14-22:   Jesus confronta aqueles que dizem que ele expulsa demônios com a ajuda de demônios.

12,8:   "Todo aquele que der testemunho de mim diante dos homens, o Filho do Homem também dará testemunho dele diante dos anjos de Deus".

13,10-17:   Jesus cura uma mulher aleijada no sábado, uma filha de Abraão a quem Satã possuía há dezoito anos.

13,32:   Jesus diz aos fariseus que digam a Herodes que ele está expulsando demônios.

15,10:   "Os anjos de Deus sentem a mesma alegria por um só pecador que se converte".

16,22:   Na história de Lázaro, o pobre homem morre e "os anjos o levam para junto de Abraão".

20,36:   Aqueles que são ressuscitados não se casam e "são como os anjos".

22,31:   "Simão, Simão! Olhe que Satanás pediu permissão para peneirar vocês como trigo".

22,43:   Um anjo vai até Jesus no jardim de Getsêmani para confortá-lo.

24,32:   As pessoas na estrada para Emaús discutem sobre como as mulheres que visitaram o túmulo de Jesus não encontraram o corpo, mas "tinham visto anjos, e estes afirmaram que Jesus está vivo".

Evangelho Segundo João

1,51:   Jesus diz a Natanael que ele "verá o Céu aberto, e os anjos de Deus subindo e descendo sobre o Filho do Homem".
5,4:   Está dito que um anjo descia e movimentava as águas curativas na piscina de Betesda.
6,70.71: "Um de vocês é um diabo", disse Jesus, referindo-se a Judas, que o trairia.
8,44:   Jesus confronta seus inimigos e diz: "O pai de vocês é o diabo", e "ele nunca esteve com a verdade, porque nele não existe verdade".
8,48-54: Jesus é acusado de estar possuído por um demônio.
10,20.21: Jesus é acusado de estar possuído por um demônio e, consequentemente, de ser louco.
12,29:   Quando Jesus ora "Pai, manifesta a glória do teu nome!", e uma voz vinda do Céu responde "Eu manifestei a glória do meu nome, e vou manifestá-la de novo", as pessoas presentes atribuem tal assombro a um anjo que fala com ele.
13,2:   Na Última Ceia, "o demônio já tinha posto no coração de Judas Iscariotes" o projeto de trair Jesus.
20,12.13: Maria vê dois anjos no túmulo vazio de Jesus, os quais perguntam a ela: "Mulher, por que você está chorando?"

Atos dos Apóstolos

5,3:   Pedro pergunta a Ananias: "Por que você deixou Satanás tomar posse do seu coração? Por que você está mentindo para o Espírito Santo?"

5,19-21:	O anjo do Senhor liberta os apóstolos da prisão e diz a eles: "Vão ao Templo e lá continuem a anunciar ao povo toda a mensagem da vida". Eles obedecem.
6,15:	O rosto de Estêvão diante do Sinédrio parece "o rosto de um anjo" [assim, sugere-se um tipo de teofania para a experiência de transfiguração].
7,30.35.38:	O discurso de Estêvão relembra como Moisés ficou admirado ao ver "um anjo que tinha aparecido a ele na sarça ardente". Por meio de Moisés, o povo judeu se comunicou com o anjo.
7,53:	Em seu discurso, Estêvão diz ao povo que os anjos levaram a lei até eles.
8,26:	O anjo do Senhor pede que Filipe parta em viagem, e é o que ele faz.
10,3-8.22:	Um centurião chamado Cornélio teve uma visão na qual um anjo de Deus vinha ao seu encontro convocando-o a encontrar Simão Pedro. Ele envia seus homens para fazer isso.
10,38:	Pedro prega e diz: "E Jesus andou por toda parte, fazendo o bem e curando todos os que estavam dominados pelo diabo".
11,13:	Pedro recorda o papel do anjo na visão de Cornélio, o de ir buscá-lo.
12,7-15:	Um anjo do Senhor liberta Pedro da prisão.
12,23:	Um anjo do Senhor inflige Herodes com uma doença que o mata.
13,10:	Paulo confronta o mago Elimas e o chama de "filho do diabo, cheio de falsidade e malícia, inimigo de toda justiça".
23,8.9:	No julgamento de Paulo ante o Sinédrio, surge uma divisão entre fariseus, que acreditam em anjos, e saduceus, que não acreditam.
26,18:	Paulo faz um discurso em que afirma termos de nos mover "das trevas para a luz, da autoridade de Satanás para Deus".

27,23-26: Paulo tranquiliza seus companheiros de bordo, que estão à deriva, com a notícia de que um anjo de Deus garantiu a ele que nenhuma vida seria perdida no mar.

Carta aos Romanos

8,38-39: Paulo está convencido de que nada, "nem a morte nem a vida, nem os anjos nem os principados, nem o presente nem o futuro, nem os poderes nem as forças das alturas ou das profundidades, nem qualquer outra criatura, nada nos poderá separar do amor de Deus, manifestado em Jesus Cristo, nosso Senhor".

16,20: "O Deus da paz não tardará em esmagar Satanás debaixo dos pés de vocês".

Primeira Carta aos Coríntios

4,9: "Porque nos tornamos espetáculo para o mundo, para os anjos e para os homens!".

5,1-5: Satanás arrasará uma pessoa que conviver com a mulher de seu pai.

6,3: Também haveremos de julgar os anjos.

7,5: Satanás pode tentar os casais.

10,20-22: Sacrifícios a ídolos são alimentos oferecidos aos demônios, não a Deus.

11,10: Por respeito aos anjos, a mulher deve cobrir a cabeça nas assembleias litúrgicas.

13,1: "Ainda que eu falasse línguas, as dos homens e as dos anjos, se eu não tivesse o amor, seria como sino ruidoso ou como o címbalo estridente".

Segunda Carta aos Coríntios

2,11:   "Desse modo, não seremos enganados por Satanás."

11,14.15:   Paulo fala sobre Satanás, que se disfarça em anjo de luz e imita certos apóstolos.

12,7:   O espinho na carne de Paulo também é chamado anjo de Satanás.

Carta aos Gálatas

1,8:   Paulo fala a seus leitores que ignorem as predicações que sejam diferentes daquelas que anunciamos, mesmo que noticiadas por um anjo.

3,19:   "A Lei foi promulgada pelos anjos".

4,14:   Paulo sente que foi acolhido como "um anjo de Deus" pelos gálatas quando estava doente.

Carta aos Efésios

4,27:   Você "dará ocasião ao diabo" se deixar o Sol se pôr sobre o seu ressentimento.

6,12-13:   "A nossa luta, de fato, não é contra homens de carne e osso, mas contra os principados e as autoridades, contra os dominadores deste mundo de trevas, contra os espíritos do mal que habitam as regiões celestes".

Carta aos Colossenses

2,18:   "Que ninguém, com humildade afetada ou culto aos anjos, impeça vocês de conseguir a vitória; essas pessoas se fecham em suas visões e se incham de orgulho com o seu modo de pensar".

Primeira Carta aos Tessalonicenses

2,18: Paulo diz que Satanás o impediu de visitar seus irmãos em Tessalônica.

Segunda Carta aos Tessalonicenses

1,7: Quando o Senhor Jesus se manifestar do Céu com os anjos, aqueles que lhes ofendem serão expiados.
2,9-12: Satanás agirá com falsos sinais e prodígios quando o ímpio vier.

Primeira Carta a Timóteo

1,20: O autor diz ter entregado os homens "a Satanás, a fim de que aprendam a não mais blasfemar".
3,6.7: O dirigente da Igreja de Deus não deve ser uma pessoa orgulhosa e passível de ser "condenada como o foi o diabo".
3,16: Cristo "se manifestou na carne, foi justificado no espírito, apareceu aos anjos [...]".
4,1: Alguns darão atenção a embustes e mentiras do demônio.
5,15: Por causa do indecoro, algumas viúvas já se desviaram, seguindo Satanás.
5,21: Paulo adverte os cristãos a se comportarem: "Eu conjuro você diante de Deus, de Jesus Cristo e dos anjos eleitos: observe essas regras sem preconceito, nada fazendo por favoritismo".

Segunda Carta a Timóteo

2,26: O demônio prende as pessoas e as escraviza, mas elas podem ser salvas dessa armadilha.

Carta aos Hebreus

1,4-14: Cristo está muito acima dos anjos, e o autor invoca as Escrituras para demonstrar seu argumento.

2,2: A lei foi uma promessa feita por meio dos anjos.

2,5-9: Os anjos não governarão o mundo que virá. Citando o salmista, o autor diz que Jesus é aquele que, por um curto momento, "foi feito pouco menor do que os anjos".

2,14: Com sua morte, Cristo subtraiu todo o poder do demônio.

2,16: "Ele não veio para ajudar os anjos, e sim para ajudar a descendência de Abraão".

12,22: Na cidade do Deus vivo, milhares de anjos se reúnem em festa.

13,2: "Não se esqueçam da hospitalidade, pois algumas pessoas, graças a ela, sem saber acolheram anjos".

Carta de Tiago

2,19: Os demônios acreditam e tremem de medo. A fé exige realizações.

3,14-15: Um coração ciumento e ambicioso é diabólico.

4,7: "Resistam ao diabo, e este fugirá de vocês".

Primeira Carta de Pedro

1,12: "Até os anjos gostariam de contemplar" as boas-novas de Cristo.

3,22: Cristo "subiu ao Céu e está sentado à direita de Deus, após ter submetido os anjos, as autoridades e as potestades".

5,8: Sejam vigilantes contra seu inimigo, o demônio.

Segunda Carta de Pedro

2,4: "Deus não poupou os anjos que haviam pecado".

2,11: Algumas pessoas são tão voluntariosas que ofendem os anjos; mas os anjos não as acusam diante de Deus; a retribuição por sua maldade virá depois.

Primeira Carta de João

3,8: "Foi para isto que o Filho de Deus se manifestou: para destruir as obras do diabo".

3,10: Diferencie os filhos de Deus dos filhos do diabo.

Carta de Judas

6: Certos anjos tinham autoridade suprema, mas não a conservaram e foram expulsos de sua esfera de influência.

9: O arcanjo Miguel discutiu com o demônio.

Livro da Revelação (Apocalipse)

1,1: A fonte do Livro da Revelação é um anjo enviado por Deus para dar conhecimento das coisas ao autor, João.

1,20: As sete estrelas e as sete igrejas estão sob o controle dos anjos.

2,1-7: "Escreva ao anjo da igreja de Éfeso. [...]"

2,8-11: "Escreva ao anjo da igreja de Esmirna. [...]"

2,12-17: "Escreva ao anjo da igreja de Pérgamo. [...]"

2,18-19: "Escreva ao anjo da igreja de Tiatira. [...]"

3,1-4: "Escreva ao anjo da igreja de Sardes. [...]"

3,5: Na presença do Pai e dos anjos, algumas pessoas serão reconhecidas.

3,7:	"Escreva ao anjo da igreja de Filadélfia. [...]"
3,9:	Existem pessoas que se dizem judias, mas não são. A essas o autor chama "mentirosas, da sinagoga de Satanás".
3,14-22:	"Escreva ao anjo da igreja de Laodiceia. [...]"
5,2:	Um anjo poderoso pergunta se há alguém digno de romper os selos e abrir o livro.
5,11-12:	Em uma visão, milhões e milhares de anjos clamavam e cantavam em volta do trono celeste.
7.1-3:	O autor vê quatro anjos, um em cada canto da Terra, e outro anjo vindo do Oriente. Este gritava aos quatro anjos para que não prejudicassem a terra, o mar ou as árvores até que fosse marcada a fronte dos servos de Deus.
7,11.12:	Todos os anjos em um círculo ao redor do trono estavam adorando a Deus.
8,2-10.11:	Sete anjos no Céu tocam suas sete trombetas, cada qual com sua própria e poderosa mensagem a emitir. Um outro anjo se encontra no altar com um turíbulo nas mãos, ora com todos os santos e sacode a Terra pelo fogo do altar.
11,15:	O sétimo anjo toca sua trombeta e vozes gritam no Céu: "A realeza do mundo passou agora para Nosso Senhor e para o seu Cristo. E Cristo vai reinar para sempre".
12,7-17:	Na visão, uma batalha acontece no Céu; Miguel e seus anjos atacam o dragão. Os dias do demônio estão contados, mas ele persegue a mulher que havia dado à luz um filho homem, e começa a atacar aos outros filhos dela.
14,6-11:	Três anjos são vistos. Um diz a todas as pessoas que elas devem temer a Deus e louvá-lo; o outro diz: "Caiu, caiu Babilônia, a Grande"; e um terceiro exclama que aqueles que adoram a besta beberão o vinho da ira de Deus.
14,15-20:	Os anjos fazem a colheita da lavoura, vindimam as uvas da vinha da terra e as lançam no lagar do furor de Deus.

15,1-8:	Sete anjos portam sete pragas, mas também seguram harpas e entoam o cântico de Moisés, junto com sete taças de ouro, cheias da ira de Deus.
16,1-21:	Os sete anjos despejam as sete taças da ira de Deus sobre a Terra.
17,1-18:	Um anjo mostra ao autor como "a grande prostituta", o império romano, será punida por seus vários pecados. "Essa mulher que você viu é a Grande Cidade que está reinando sobre os reis da Terra".
18,1-3:	Outro anjo anuncia a queda da Babilônia.
18,21-24:	Outro anjo arremessa uma pedra ao mar e declara que a Babilônia será lançada com a mesma força e não mais será encontrada.
19,17.18:	Um anjo em pé no Sol chama os pássaros a se reunirem no grande banquete de Deus.
20,1-3:	Um anjo desce do Céu e vence o diabo, Satanás, acorrentando-o por mil anos.
20,7-10:	Depois de mil anos, Satanás será libertado da prisão e se espalhará pela Terra, mas será lançado ao lago de fogo e enxofre para sempre.
21,9-15:	Um anjo mostra ao autor a cidade santa de Jerusalém que, radiante, descia do Céu. Um anjo carregava uma vara de ouro para medir a cidade, seus portões e a muralha na Jerusalém celeste.
22,6-15:	Um anjo fala ao autor sobre a veracidade de seus textos e o exorta a adorar a Deus, e não a ele, tão servo quanto o próprio João; e para não guardar as profecias em segredo. "Feliz aquele que observa as palavras da profecia deste livro."
22,16:	"Eu, Jesus, enviei o meu anjo. Ele atestou para vocês todas essas coisas a respeito das igrejas".

Notas

Prefácio

1. Angels among us. *Time*, p. 56-65, 27 dez. 1993.

Introdução

1. *Suma teológica* 1, questão 50, artigo 1; questão 63, artigo 7.
2. FOX, Matthew. *Sheer joy:* conversations with Thomas Aquinas on creation spirituality. São Francisco: HarperSanFrancisco, 1992. p. 161.
3. Para saber mais sobre essas hipóteses, ver: SHELDRAKE, Rupert. *A new science of life*: the hypothesis of formative causation. Los Angeles: Tarcher, 1982; e *The presence of the past*: morphic resonance and the habits of nature. Nova York: Times Book, 1988 [*A presença do passado*: a ressonância mórfica e os hábitos da natureza. Lisboa: Instituto Piaget, 1996]; ambos publicados pela Park Street Press, Rochester, Vermont, 1995.
4. Ver, por exemplo: FERRIS, Timothy. *The mind's sky:* human intelligence in a cosmic context. Nova York: Bantam, 1992. [*O céu da mente:* a inteligência humana num contexto cósmico. Rio de Janeiro: Campus, 1993.]
5. FERRIS, Timothy, op. cit, p. 31.
6. Londres: Chapman e Hall, 1911.
7. FOX, Matthew. *The coming of the cosmic christ*. São Francisco: HarperSanFrancisco, 1988. [*A vinda do Cristo Cósmico*. São Paulo: Nova Era, 1995.]

Capítulo 1 – Dionísio, o Areopagita

1. DIONÍSIO, O AREOPAGITA. *The celestial hierarchies. In*: DIONÍSIO, O AEROPAGITA. *Mystical theology and the celestial hierarchies*. Traduzido pelos editores da *The Shrine of Wisdom* (Surrey, Inglaterra: The Shrine of Wisdom, 1965), Cap. XIV, 60. Todas as

citações de Dionísio foram extraídas deste texto, a menos que tenham sido indicadas de outra forma.
2. Cap. III, 29, 30.
3. Cap. IV, 32-34.
4. Cap. VII, 38-39.
5. Cap. XIII, 57.
6. Cap. VIII, 43-44.
7. Cap. XI, 46-49.
8. Cap. XIII, 56-57.
9. Cap. XIV, 62-63.
10. Cap. XIV, 67.
11. Cap. XII, 53-54.
12. DIONÍSIO, O AREOPAGITA, *The divine names*. Traduzido pelos editores da *Shrine of Wisdom* (Surrey, Inglaterra: The Shrine of Wisdom, 1957), Cap. VIII, 69-70, n. 1, 5. [*Dos nomes divinos*. Tradução, introdução e notas de Bento S. Santos. São Paulo: Attar, 2004.]
13. *The celestial hierarchies*, Cap. XV, 65.
14. Cap. XV, 66-67.

Capítulo 2 – São Tomás de Aquino

1. *Summa theologiae* (*st*) 1, questão 63, artigo 7. [*Suma teológica*. São Paulo: Loyola, 2001. 9 v.]
2. *st* 1, q. 61, a. 3.
3. *st* 1, q. 62, a. 9, ad. 2.
4. *st* 1, q. 58, a. 3.
5. Apud FOX, Matthew. *Sheer joy:* conversations with Thomas Aquinas on creation spirituality. San Francisco: HarperSanFrancisco, 1992. p. 185.
6. *st* 1, q. 58, a. 3.
7. *st* 1, q. 58, a. 4.
8. Apud FOX, Matthew, op. cit., p. 201.
9. Ibidem, p. 21.
10. *st* 1, q. 50, a. 1.
11. *st* 1, q. 50, a. 2.
12. *st* 1, q. 51, a. 1.
13. *st* 1, q. 50, a. 4.
14. *st* 1, q. 51, a. 2.
15. *st* 2, q. 172; apud FOX, Matthew, op. cit., p. 470-471.

16. *st*, a. 2.
17. *st*, ad. 1.
18. *st*, ad. 3.
19. Apud FOX, Matthew, op. cit., p. 466.
20. Apud FOX, Matthew, op. cit., p. 216-217.
21. Apud FOX, Matthew, op. cit., p. 161.
22. *Quaestiones Quodlibetales* (*Quod.*). 1, 4.
23. *st* 1, q. 52, a. 2.
24. *st* 1, q. 52, a. 2.
25. *st* 1, q. 60, a. 2.
26. *st* 1, q. 60, a. 5.
27. *st* 1, q. 52, a. 3.
28. *st* 1, q. 53, a. 1.
29. *st* 1, q. 53, a. 2.
30. *st* 1, q. 53, a. 2.
31. *st* 1, q. 53, a. 3.
32. *Quod.* XI, 4.
33. *st* 1, q. 54, a. 4.
34. *st* 1, q. 57, a. 2.
35. *st* 1, q. 57, a. 4.
36. *st* 1, q. 57, a. 3.
37. *st* 1, q. 61, a. 3.
38. *st* 1, q. 62, a. 4.
39. *st* 1, q. 62, a. 1.
40. *st* 1, q. 62, a. 2.
41. *st* 1, q. 62, a. 3.
42. Apud FOX, Matthew, op. cit., p. 119.
43. Apud FOX, Matthew, op. cit., p. 515.
44. *st* 1, q. 62, a. 3.
45. *st* 1, q. 62, a. 5.
46. *st* 1, q. 63, a. 2.
47. *st* 1, q. 63, a. 3.
48. *st* 1, q. 63, a. 6.
49. *st* 1, q. 63, a. 7.
50. *st* 1, q. 63, a. 9.
51. *st* 1, q. 63, a. 7.
52. *st* 1, q. 63, a. 8.
53. *st* 1, q. 64, a. 4.

Capítulo 3 – Hildegarda de Bingen

1. HILDEGARDA DE BINGEN. *Liber vitae meritorum.* Pitra, 1882, 24.
2. HILDEGARDA DE BINGEN. *Scivias* 3, 4.
3. HILDEGARDA DE BINGEN. *In*: MIGNE, J. P. (Ed.). *Patrologia latina* (*pl*). Paris: Migne, 1844-1891, 197, 229C.
4. *PL,* 197, 262D.
5. *PL,* 197, 889A.
6. *PL,* 197, 917B.
7. *Liber vitae meritorum,* 444.
8. *PL,* 197, 917B.
9. *PL,* 197, 746C.
10. *Liber vitae meritorum*, 157.
11. *PL,* 197, 442A.
12. *Liber vitae meritorum,* 352.
13. *Liber vitae meritorum,* 217.
14. *Liber vitae meritorum,* 75.
15. *PL,* 197, 960D-916A.
16. *PL,* 197, 812B.
17. Ibidem.
18. Ibidem.
19. *PL,* 197, 170A.
20. *Liber vitae meritorum,* 361.
21. *Scivias* 2, 2.
22. *PL,* 197, 747C.
23. *Scivias* 2, 2.
24. *Scivias* 3, 1.
25. *PL,* 197, 272D.
26. *PL,* 197, 945C.
27. *PL,* 197, 865D.
28. *PL,* 197, 1061C.
29. *PL,* 197, 236C.
30. *PL,* 197, 1041C.
31. *PL,* 197, 1045A.
32. HILDEGARDA DE BINGEN. *Causae et curae.* Leipzig: P. Kaiser, 1903, 26, 53.
33. *Scivias* 1, 1.
34. *PL*, 898B.
35. *PL,* 197, 898D.

36. *PL,* 197, 1043A.
37. *PL,* 197, 1043C.
38. *Scivias* 2, 1.
39. *Ver* FOX, Matthew. *Breakthrough:* Meister Eckhart's creation spirituality in new translation. Nova York: Doubleday, 1980. p. 77.
40. *PL,* 197, 946B.
41. *Scivias* 1, 4.
42. *Scivias* 2, 6.
43. *Liber vitae meritorum*, 320.

TIPOLOGIA:	Ibarra Real Nova [texto e entretítulos]
	Cormorant Upright [títulos de capítulos]
PAPEL:	Pólen Soft 80 g/m² [miolo]
	Couché Fosco 150 g/m² [capa]
	Offset 150 g/m² [guarda]
IMPRESSÃO:	Gráfica Santa Marta [julho de 2021]
1ª EDIÇÃO:	julho de 2008 [1 reimpressão]